サイコロジーセールス最強の営業心理学

大是文化

最強の
業務心理學

差勁業務只提產品，頂尖業務理解人性。
顧客決定「跟你買」的關鍵心理，超業在做卻不明說

王牌業務員、業務諮詢顧問、
業務類 YouTuber
大谷侑暉——著
楊詠婷——譯

目錄

第2章 決定「跟你買」的關鍵……71

第3章 你這樣說，他願意聽……139

第4章 提高說服力的心理學……167

第5章 決定成交的契機……227

推薦序
懂人，什麼都能賣

永慶房屋境娜團隊執行長／陳茹芬（娜娜）

我在企業內訓、分享業務技巧時，常說：「懂人比懂產品重要。」每當這話一出，有的老闆微笑點頭，有的老闆卻一臉擔心、怕我帶壞他們的同事。我不是說懂產品不重要，而是懂人的順位要放在懂產品之前。我從在豐田（TOYOTA）汽車生涯總銷八千八百輛車的亞洲賣車女王，轉到房仲領域、兩年開兩店，核心原因正是懂人。

我讀了這本《最強の業務心理學》後，很有認同感。光是〈前言〉說：「頂尖的業務員，始終都不是仰賴商品本身的優勢而贏得業績，而是因為能成功的讓顧客覺得想要、想買、簽約就找他，或買某某東西就要找他。」、「在銷售戰略中加入正面因素，去除負面因素。」就知道作者大谷侑暉是績優業務。這和我常說的「包圍客戶生活」、「不講別人不好，只提自己更好」異曲同工。

技巧方面，舉例書中幾個特別有共鳴的地方。

稱讚對方加上求助（富蘭克林效應）：很多業務的迷思，就是認為自己要什麼都懂，才顯得專業。實務上，沒有人做得到，所以最好的方法是讓客人教你，一來滿足他的發表欲；二來從中觀察他喜歡什麼；三來學新知，下次用在別人身上。用熟練以後，你會成為跨領域資料庫，儲備五十個、一百個話題，每個話題講五分鐘，跟誰都能輕鬆對頻。請注意，業務的專業在懂人，不是要你研究學問去當博士。在互動過程中自然對頻，讓對方認為你跟他是同一國的，才是真正目的。

只能二選一（錯誤的前提暗示）：這個二選一技巧，對加快成交很有效果。在TOYOTA做業務的時候，我有時會忽然詢問來看車、剛談沒多久的客人：「顏色要白的還是黑的？」對方馬上被帶進已簽約、正在選色的情境。就算沒有立刻成交，至少可以先知道他要或不要的點在哪裡，提早在聊天中融入對策。

讓顧客自己說產品好壞（兩面提示）：有些話，像產品好不好，就要設計引導語句，讓客人說出你想聽的話。比方說，「這輛車空間坐起來怎麼樣」、「這間房子看出去視野好不好」、「商談過程下來，你覺得我哪裡好」，由於都是抓長處，通常會得到好的回饋。客人不會打自己嘴巴，話都是他講的，等於他在告訴自己你的產品不錯、你的人不錯。所以不跟你買，要跟誰買？

做業務看人、猜人、懂人，是很有趣的課題，累積經驗後，搭配心理學原理，會知道這招對這類人有用、那招對那類人有用，四兩撥千斤，超有成就感！祝本書讀者越用越順手，業績長紅、天天「冒泡」（按：房仲業界術語，意指成交。因成交後可獲得獎金，希望獎金尾數像冒泡泡一樣有很多零，所以有此說法）。

前言
影響業績的加分與扣分行為

我是大谷侑暉，身兼銷售顧問及傳授銷售學的YouTuber，曾是多層次傳銷及學習教材公司的業務員，也曾在兩家公司創下短時間內，拿到業績第一的銷售紀錄。現在，除了YouTube平臺，我也會在其他社群媒體發表各種訊息，為業務員及經營者提供心理學銷售手法的專業諮詢。

來找我諮詢的顧客形形色色，有些是業績難以提升的銷售員、無法順利完成簡報及交易的業務員，還包括想讓自家品牌或商品大賣的經營者等。迄今指導過的業務員及經營者，已經橫跨數十個業界及領域，其中超過九成都成功提升業績，並從中得到樂趣及成就感。

那麼，如何才能提高銷售成果？

拿起本書的你，一定曾反覆問過這個問題，得到的答案也各不相同。充滿熱忱、為他人付出、好的銷售劇本、戰勝自己、永不放棄，堅持到底……當然，想要提升業績，以上要素都不可或缺。

但是，深愛心理學的我，有另一個答案。我認為，**想要提高銷售成果，最終還是要「理解人心」**。因為，消費者購物，都是憑藉內心的動機。這不只是我個人的想法，從最尖端的現代銷售學，到行銷業務的全球潮流，都在強調理解顧客心理有多麼重要。

各位是否曾聽過消費者洞察銷售（Insight sales）？這是近年來最受注目的銷售手法之一。簡單來說，就是搶先回應顧客尚未察覺的潛在需求及消費傾向，提供更好的顧客體驗及有效的銷售策略。

從業務到行銷，都放棄了過去的賣方角度，也就是思考「如何讓商品暢銷」的模式，轉而將重點放在研究顧客心理。同時流行的還有「以使用者為基礎」（按：user base，統計購買某商品的顧客，也會購買其他何種商品，進而定義該推薦的產品）、顧客導向行銷及消費者洞察行銷。

本書的主題同樣是「銷售×心理學」，但我們不探討消費者洞察銷售，只把重心放在「銷售心理學」。書中不僅傳授如何掌握人類的普遍認知及心理傾向，還會隨著銷售的基本步驟，提供有效及實用的心理學。

即便銷售同樣的商品，有厲害的業務，自然也有差勁的。如果業務對自家產品缺乏信心，或給人的印象不佳，無論商品多有價值、機能多高、多物美價廉，照樣賣不出去。相反的，就算商品沒有太獨特的特點及功能，價格也不吸引人，好業務依然可以讓它成為暢銷商品。

頂尖的業務員，始終都不是仰賴商品本身的優勢而贏得業績，而是因為能成功的讓顧客覺得想要、想買、簽約就找他，或買某某東西就要找他。

換句話說，一流的業務員，都很擅長在心理上讓對方萌生「想買下手」、「想讓他賣東西給自己」等欲望。

身為銷售方，最重要的是理解顧客心理，再配合他們的需求推銷商品。只要能做到這一點，就算轉而銷售其他商品或轉職到不同企業，依舊能成功。因為，心理學是研究人類心理的科學，懂得善用的話，它就能成為極易複製的成功模式，無論什麼商品都能暢銷。

差勁的業務員犯什麼錯？

至於不擅長銷售或商品總是賣不出去的人，到底出了什麼問題？其實原因出在，他們只把焦點放在自己身上。

- 不擅長銷售。
- 不知道如何才能讓顧客購買商品。
- 不知道如何拿下訂單。

他們只是煩惱自己的行動沒有成果，以為讀幾本銷售相關的暢銷書、模仿別人的做法，就能解決問題，卻完全沒有學到最根本的精髓。

所有頂尖、一流的業務員，其實都是心理學大師。

為了**從爛業務員搖身成為頂尖業務**，**首要之務就是聚焦在人類的心理**。而且不只是停留在表面的層次，像是「顧客現在在想什麼」等，而是更深層的掌握普遍心理傾向及心理現象。互惠原則、承諾與一致性原理、權威效應……心理學中有各式各樣的法則，許多名詞也讓人覺得耳熟能詳，它們都是經過科學驗證的人類行動原理，是相當精準的認知傾向。

只要依循正確的銷售程序，再配合這些心理法則，任何人都能在業績上創造驚人的成長。反過來說，如果業務員不懂得這些知識，就像是不帶地圖和禦寒衣物，就跑去攀登雪山那樣有勇無謀。

本書介紹的業務心理學，不只能讓各位明瞭顧客的心理，還能幫助大家理解人類的認知傾向及心理傾向，將成功的銷售手法化為系統。因此，請各位別將本書當成單純的心理學教材，建議一邊了解書中整理的銷售步驟（基本心理、取得信任、傾聽、簡報及完成交易），一邊有效的運用心理學。只要徹底遵照這個流程，就能成功打造可複製的銷售技巧。

先談談銷售心理的祕密

讀到這裡，大家可能會覺得當個業務員還得理解人心、懂心理學，要求實在太高。

當然，學習心理法則及認知傾向的原理很重要，但是在進入主題前，必須先談談實際的基本銷售原則，也就是在銷售戰略中加入正面因素（positive），去除負面因素（negative）。這不僅是業務心理學的起點，同時也是基本的心理法則。正面因素指的是，表達贊同、認真傾聽及同理對方等，一般認為這些是銷售時該做的。

那麼，什麼是負面因素？就是遲到、說壞話以及喋喋不休等。光看敘述，就知道這些是銷售時應該避免的行為。簡單來說，正面因素就是銷售時的加分行為，負面因素則是扣分行為。

大家不妨想像一下，如果有個業務員總是遲到、講話喋喋不休，還老是說別人壞話，有誰會想跟他買東西？

一旦排除所有的扣分行為，顧客的印象會有什麼改變？想必會恢復到正常的程度。此時，如果業務員從形象到行為舉止，都讓顧客產生正面的感受，不難想像，即便業務員在最終階段表示無法售出商品，顧客也會急著簽約，希望對方把東西賣給自己。

那麼，問題來了。你在銷售時，該做的事都做了嗎？是否徹底排除了不該做的？我想，絕大部分的業務員都還有改善的空間。

在銷售時拿下訂單的基本原則，就是在銷售戰略裡安裝正面因素，並移除負面因素。

各位會拿起這本書，或多或少代表你想要賣出更多商品、想要成為更厲害的業務。如果真是如此，請務必再次審視你的銷售戰略，當中一定存在著某些負面因素，或者該做、但最後沒做到的加分行為。

接下來，本書將會傳授許多相關的心理法則，但首先必須請各位謹記：在銷售戰略裡加入正面因素，同時徹底排除負面因素。只要意識到這一點，銷售成果就會有所改變。

如果在銷售的過程中，聰明的運用過去曾學習過的心理法則，必定能迅速進階為深諳人心的頂尖業務員。

序章

好業務的定義

首先，來一個突擊提問：「你認為什麼是業務（銷售）？」如果問全國的業務人員，肯定會收到數量龐大的答案。當然，每個人都會有自己的想法。

而我對業務的定義是：「提出解決問題的方案。」正在學習銷售技巧的人，應該都對這個定義不陌生。但大多數的人只把「業務，就是幫顧客解決問題」這句話當作標語。遺憾的是，光是這樣，是無法成為頂尖業務員的。

填補現實與理想之間的落差

因為這個答案只停留在抽象的表達，很難落實到具體的行動。例如，當有人聯絡你：「現在來幫我解決問題！」你真的知道具體該怎麼做嗎？

如果以頂尖業務為目標，就必須更具體的理解何謂「解決問題」。

那麼，我們就來更具體的解析這個關鍵詞——解決問題。

從結論來說，解決問題就是「填補現實與理想之間的落差」。是不是覺得具體一點了？不過，光這麼解釋，可能還是有人沒辦法想像，以下就為各位舉例說明。

私人健身教練的主要工作，是協助顧客減重或提升肌力，這裡我們聚焦在減重。那麼，私人教練該如何幫顧客填補現實與理想之間的落差？答案就是：「提出具體的方案並協助顧客，將體重從八十公斤（現實），減到六十公斤（理想）」。

不只是私人教練，所有的商品及服務，都是為了解決某個問題（現實與理想之間的落差）而存在，像是「希望將業績從一個月二十萬（現實）提高到一個月一百萬（理想）」等。當然，本書的目標也是為了解決問題。

所以，可以說：「銷售，是提供顧客解決方案，以填補現實與理想之間的落差。」只是，為了填補這個落差，就必須超越某種障礙，也就是課題。唯有解決卡在現實與理想之間的課題，才有辦法消除其中的差距。

再以前面提過的私人教練為例。

如果有一位女性顧客，想要將體重從八十公斤（現實）減到六十公斤（理想），卻怎麼都消除不了二十公斤的落差，因為她的現實和理想之間，卡著巨大的障礙。這個障礙可能是無法堅持、旺盛的食慾或不知道如何增肌等。

總而言之，現實與理想之間，必定存在著某個理由（障礙），使得落差難以填補。銷售的工作及功能，就是提出方案、解決客戶的煩惱。

例如，如果女性顧客的課題是無法堅持，那麼只要持續提供以該課題為主的健身計畫，就能讓對方萌生購買的意願。總結來說，銷售就是幫顧客解決問題，也就是填補現實與理想之間的落差，並排除阻擋在理想前方的課題。

這裡要提醒的是，有時顧客自己也不清楚該解決的課題是什麼。例如在推拿診所，病患因為腰痛來求診，他向診所醫師描述的課題是：「每天坐在辦公桌前工作，才導致腰痛。」於是，診所便照他說的原因治療，結果卻發現導致腰痛的原因不是久坐辦公，而是病患穿的鞋子不合腳。

所以，大家務必記得「顧客提出的課題不一定正確」，否則可能無法提供最適當的商品。

本書基本上是按照銷售程序所構成。這裡所謂的銷售程序，是指從商談到完成交易的過程。具體來說，就是「取得信任→傾聽→簡報→完成交易」。

銷售程序四步驟，循序漸進

取得信任（Rapport），就是構築信賴關係。在銷售的程序中，信任是非常重要的因素。

想像一下，你會向完全沒聽過的企業購買商品嗎？大多數的人，根本不會考慮跟從未耳聞的公司往來。因此，建立信任關係極為重要。

這也是為什麼企業會花費龐大的預算，在Google、YouTube或其他社群媒體上投放廣告，想盡辦法觸及更多消費者，並期望藉此建立信賴關係（第二章第四節會提到的重複曝光效應）。當消費者覺得「如果是這家公司，可以放心」，就願意購買商品。

即便是小小的業務員也一樣，我們不斷的發電子郵件、打電話、親自拜訪顧客，就是為了建立雙方的信賴關係。獲得顧客的信任，這是所有業務工作的起點。

再來是傾聽（Hearing）。對業務員來說，傾聽是決勝的關鍵，重要程度不言而喻。為什麼它如此重要？因為傾聽能引出現實、理想、課題這三個重要資訊。換言之，其目的是蒐集顧客的現實、理想與課題。

如果不了解顧客，完全不知道他們現在的煩惱、理想及課題是什麼，就無法提案商品或服務。

舉例來說，醫生需要透過固定的程序，才能開藥給病患。首先必須為患者看診、確定病因，才可對症下藥。如果醫師連病因都不清楚，就直接開藥，你會有什麼感覺？傾聽就是如此關鍵。

再次重申，銷售是幫助顧客填補現實與理想之間的落差，更得要提出方案、解決課題。很多人不知道要怎麼傾聽，但請不用擔心，只要詢問關於現實、理想、課題的問題即可。

接著是簡報（Presentation），也就是產品提案。

這部分的細節會在關於傾聽的章節詳述。如果要更具體的定義「簡報」，就是向顧客提出方案，以期解決課題的過程。

例如，現在有一位女性，想減重十公斤，她至今已經試過各種方法，每次都半途而廢。各位不妨思考一下，如果你是私人健身教練，如何才能說服對方購買你推薦的瘦身課程？

答案很簡單，只要讓這位女性覺得「有辦法堅持下去」即可。因為她的課題是無法堅持。之所以瘦不下來，並非不知道減重或訓練的方法，也不是運動不足，而是無法持續。只要消除掉這個疑慮，她就會覺得辦得到。

透過傾聽確認現實、理想、課題，再藉由簡報說明推薦的商品能解決課題，藉以說服對方。簡報的重點是，讓對方理解或產生印象、覺得提案能實際解決自己的困境。

最後是完成交易（Closing），它是最後的總結，也是業務工作的收尾。用容易理解的話來說，就是在簡報結束後，詢問對方：「您覺得如何？」

只要在先前的階段貫徹取得信任、傾聽及簡報等步驟，就能在最終階段得到顧客「YES」的答覆。當然，到了這個階段，雖然也有幾件事得做，但幾乎已經無法再提高購買率了。

能提高購買率的，都是前面幾個程序。因此，關鍵是徹底做好前期的工作，而不是到了這個階段，才來思考還能做什麼。許多業務員銷售成績欠佳，就是因為他們把力氣全都放在最後的成交，卻忽視了前面的銷售程序。其實只要貫徹前述的銷售程序，便能大幅提升業績。

完成交易的程序中，最關鍵的就是「理解人類的心理及認知」。如果表面上看似依循銷售程序，卻沒能在各個階段掌握客戶心理，最後往往是白忙一場、毫無成果。厲害的業務員比誰都了解人的心理，能在各階段緊抓、打動顧客的心，最後讓顧客渴望「購買」、「請賣給我」。

下一章開始，會介紹六個業務的基本心理法則，都是關於人類心理最根本的原理原則。這些法則對業務員來說極為重要，也是銷售程序必須的基礎。如果忽視這些法則，絕對不可能提高銷售成績。

閱讀本書時，也許有人覺得自己聽過這個心理法則，所以想直接跳過，請千萬不要這麼做。無論聽過與否，都務必熟讀每個章節，再將它們套用在自己的銷售戰略。

第 1 章

從猶豫到成交，超業必修心理學

1 在對方最感動時索取回報——互惠原則

經驗豐富的業務員應該都聽過這個心理法則，例如，有些人在情人節收到巧克力之後，就會一直耿耿於懷「得在白色情人節時回禮」，這就是互惠（Reciprocity）的原理。

那麼，互惠原則是在什麼條件下發動的？

可以說，絕大部分來自於人類的本能。當人類還處在狩獵採集時期，便懂得建立社群，相互合作以維繫生命。例如，有的人運動神經優異，有的人雖然沒有優越的運動神經，但是手很巧。手巧的工匠就會製作弓箭等武器，交給運動神經優異的獵人用來打獵，等對方成功獵到獵物之後，就可以分享三分之一的獵物。

互惠，是為了讓自己不被排擠

人類就是靠著善用彼此的優勢、彌補自己的不足，最終存活下來。

在這樣的世界裡，如果有的人只是一味索取，卻不給予回饋，會發生什麼情況？

如果運動神經優異的獵人，拿了手巧的工匠製作的弓箭，卻不肯把獵物分給對方，那麼這些獵人就會失去眾人的信任，最後受到排擠、被趕出社群。

被社群驅逐的人，基本上無法存活，很快就會丟掉性命。

如何活用互惠──交換資訊

要活用互惠的話，應該提供哪些資訊？我們可以提供：

①對方想要的資訊。

②自己的資訊（自我揭露）。

要給予對方好處時，盡量提供資訊，而不是給實物。因為資訊不像物品，不需要花費成本。

而且只要時間允許，就可以無限制的提供。當一方不求回報的分享資訊，另一方便會心生感激，覺得必須做點什麼回饋對方。只要將這一點運用到業務上，就能提高簡報率或成交率。

也就是說，顧客會下意識的覺得：「既然得到了很有價值的資訊，至少可以聽聽他的簡報提案（或簽約）。」

其二是關於「自己的資訊（自我揭露）」，這部分的內容量龐大，需要單獨分一節說明，所以放到第二章第一節（請見第七十二頁）。

「互惠原則」運用重點有二：①一次只解決一個問題、②立即獲得回報。以下分別說明。

首先是「一次只解決一個問題」。主動幫顧客解決困擾確實很棒，然而一旦做得太多，反倒釀成問題。如果一次解決了所有問題，對方就會萌生「問題都解決了」的滿足感；一旦滿足了，就不會再購買商品或簽約。

接下來，再以私人教練為例。

顧客的理想是擁有苗條美麗的身材，課題是飲食法、訓練法以及如何堅持等三方面。

如果一次提供對方所有知識與訣竅解決這些課題，對方就會誤以為「自己來做就可以」。若是顧客抱持的課題當下都解決了，很可能就會導致無法成交。這對顧客來說自然是好事，但業務員就等於白做一次好人。因此，要謹記一次只要解決一個問題，而且重點是徹底解決。如此一來，互惠原則便會發動，就可提高最後的成交率。

接著是第二個重點：如果想要將互惠原則的影響力發揮到極致，就要在「付出之後立即獲取回報」。因為收到恩惠後，如果時間過得越久，那份恩惠的價值就會變得越低，這是人類的通性。

假設獲得禮物當下的感動值是一百，一週後可能就只剩下五十了（數值只是隨意舉例）。之所以會如此，是因為心中的感動會隨著時間遞減，就像看完感人的電影後當下有滿滿的感動，但到了第二天，就不會再保持相同的情緒。獲得的感動會隨著時間逐漸遞減，因此，要求回報的時機越早越好。

我們來看看「解決一個問題」之後的流程。

當業務員解決顧客的困擾之後，顧客往往會感動：「對方居然免費為自己做到這種程度……。」有些人還會直接說出口。一旦顧客說出自己的感激，或開心的表達謝意時，立刻展開下面的對話：「如果可以的話，今後我們也想繼續為您提供協助，不知道是否可以給我十分鐘的時間？」將對方的感激轉化為進一步的簡報。

顧客得到了無價的禮物（資訊）後，感動值達到顛峰，便很難拒絕這項提議，我們也更容易請求向對方簡報。只要有機會簡報，成交率自然就提高了。

如果想透過現有顧客的人脈拓展新客戶，也可以利用這個方法。

假設你是保險業務員，剛為保戶們舉辦了一場很棒的聯誼餐會，此時將至尾聲，大家都十分盡興，感動值達到了最頂峰。

這時，便能展開以下的對話：「非常感謝大家參加本次的餐會！這裡想請各位幫個忙，如果您身邊有朋友正在擔憂『今後的財務規畫』，請務必介紹給我們！」

把目標對象描述得越詳細，對方腦中的形象就越具體，幫忙介紹的機率也越高。一旦發現了潛在顧客，就要立刻請對方居中牽線，不要等到對方回家再說，這樣只會白白錯過一次機會。

原因前面已經提過，等顧客回到家之後，感動值就會下降，影響力自然也降低了。因此，一定要記得，在對方最感動時索取回報。

2 讓顧客當場下訂單——承諾與一致性原理

首先，先分別定義一致性及承諾（Consistency & Commitment）。

「Commitment」，在中文裡有保證、忠誠、奉獻或堅定等數個意義，這裡指的是承諾。「Consistency」（一致性），則是對自己決定的事、思考結果或行動，抱持著堅持到底的心理傾向。

例如，觀賞一部電影，看到一半時發現劇情很無聊，但還是會逼自己全部看完。或者，曾經在業務會議宣告「這個月的業績，絕對要做到一百萬」，就會逼自己無論如何都得達成目標。一旦做不到，就會覺得大家看自己的眼神都帶著批判。

簡單來說，所謂的承諾與一致性原理，就是當人們一旦做出某種承諾後，心理上就會試圖採取一致、不矛盾的思維與行動。

我們再從其他角度，探討承諾與一致性原理。

例如，大家都知道唱歌能讓人心情愉快。也就是說，當做了「唱歌」這項承諾，就會湧現不矛盾、一致的「愉快」情緒。因此，「Commitment」除了有承諾的意思，同時也伴隨著發言或行動的意思。

先提小請求建立承諾

史丹福大學的社會學家喬納森．費德曼（Jonathan Freedman）與史考特．費雪（Scott Fraser），曾進行一項實驗、他們以加州的居民為對象，詢問他們以下問題：

①「可以在您的院子，樹立推廣安全駕駛的看板嗎？」

大家猜猜，這時會有多少實驗對象同意這項請求？從結論來說，大約有一七%的人會同意。順道一提，這個看板很大，甚至會破壞庭院的景觀。

但是，小組先讓實驗對象同意某個請求後，再提出①的要求，成功的將同意的比例提高到七六%，這項請求就是：

②「可以在您的車窗，貼上宣傳安全駕駛的貼紙嗎？」

只是一個小小的請求，就成功的讓同意架設看板的比例，躍升了四倍以上。其中的原理在於，當對方同意了②「在車窗貼宣傳安全駕駛的貼紙」的請求後，等於承諾自己是重視安全駕駛的人。於是，當實驗小組接著提出跟②極為相關的請求——①「在院子設置推廣安全駕駛的看板」，就更容易讓對方同意。也就是說，一致性的心理法則發揮了作用。

用速決談判，封鎖「我再考慮看看」

那麼，我們該如何活用這個心理法則？比如，它可以用來封鎖顧客猶豫或拖延時的魔法咒語——「我再考慮看看」。方法是，在簡報開始前，先與顧客約法三章：「有件事想先拜託大家，如果認同我們的商品，請馬上開始嘗試，好嗎？」

我稱這種方式為「速決談判」。能否讓顧客當場決定，是提升業績的重要關鍵。

前面說明互惠原則時也曾稍微提過，允許顧客把資訊帶回家考慮，會因為感動值遞減而失去成交的機會。若是想要提高成交率，就必須讓顧客當場簽約。因此，我推薦的這個速決談判，就能讓顧客當場承諾立刻判斷。

從顧客的角度來看，因為之前已經向速決談判說「YES」了，就很難再對業務員說「我會考慮」或「再回去想想」、在心理上產生抗拒感。因為已經讓他們間接承諾當場決定是否購買，斷絕了模稜兩可的可能。就像這樣，速決談判營造了氛圍，讓客戶很難說出「再考慮」的推託之詞。

更詳細一點來說，速決談判等於將顧客的選項，縮減到只剩買或不買的二選一。如果不利用速決談判，顧客就會有買、不買和再考慮這三個選項，大多數人一定會第一時間選擇再考慮。因為他們雖然想要商品，卻還沒有渴望到願意為此花錢。也就是說，他們想避開當場付錢的心痛感，因此選擇了「會考慮」這個魔法詞彙，而速決談判就能將其一一封鎖。

最後，就為各位解說運用速決談判時，該注意什麼訣竅。

這種技巧是為了讓顧客無法拒絕，但如果貿然使用，可能會造成反效果，反而導致顧客反感「為什麼我非得當場決定不可」。因此，在實行前需要一些鋪墊用句，以下也一一介紹。

速決談判前，先鋪陳

・適合速決談判的鋪墊用句

「有件事想拜託大家……。」

「今天有限定折扣……。」

「希望大家現在就開始……。」

「有件事想拜託大家……」，這句話運用了下一節的「共識與社會認同」

心理法則（請參見第四十六頁）。簡單來說，就是服從多數的心理傾向，為的是讓顧客覺得「他都這樣拜託大家了，實在不好意思拒絕」，進而提高答應速決談判的機會。

「今天有限定折扣……」，也是利用了「稀有性原理」心理法則（請參見第五十九頁）。稀有性就是認為物以稀為貴的心理傾向，為的是讓顧客焦急，「有限定折扣，不買就太可惜了」。

最後是「希望大家現在就開始……」，這句話與其說是鋪墊，更像是另一種傳達速決談判的方式。如果在這時使用提問形式，就必須得到「好！」的肯定回覆；但「希望……」的說法，更像是傳達某個決定事項，更能在對方心中取得「ＹＥＳ」的承諾。

當然，實際讓顧客說「好」，比心理上的贊同更能發揮承諾的效果。但是，實在有太多業務員因為害怕被當場拒絕，而對於讓顧客當場答應感到極大的壓力。因此，還不習慣速決談判的人，請先記得讓顧客心理上贊同即可。

3 九〇%以上的人都選這個——共識與社會認同

「共識與社會認同」（Consensus & Social Proof），簡單來說就是「跟隨多數人的意見就能安心」的心理傾向。例如，一般人看到店門外大排長龍的拉麵店，都會感到好奇、想進去品嚐。他們下意識的認為「排隊＝絕對好吃」，也就是說，越是受歡迎的事物，越能讓我們安心，於是在不知不覺中選擇它。

此外，買新型智慧型手機時，合約可選擇A方案或B方案，但資費種類複雜多樣，經常讓人看得一頭霧水。這時最簡單的方法，就是詢問「最多人選的方案是哪一種」。因為跟著大多數人、選擇風險最低的選項，最讓人放心。

還有一個具體例子是，共識與社會認同法則也能在負面狀況下發揮功效。例如，巷子裡有人亂丟垃圾，路過的人看到後，便會想「我也丟一下好了，應該沒關係」，便把剛拿到的收據隨手扔進路旁垃圾堆。這就是所謂的破窗效應（Broken Windows Theory），覺得大家都那麼做，那我也可以做，進而正當化自己的行為。

共識與社會認同法則常見於各種經濟活動，無論是電影、音樂或家電產品，賣得最好的永遠是暢銷商品，熱賣的理由是「因為大家都買了」。說得更簡單一點，它被選中的理由就是大家都選它，由於價值已經被社會證明，所以每個人都想擁有。

美國社會心理學家所羅門．阿希（Solomon Asch），曾做過一個關於共識與社會認同的實驗。

阿希從眾實驗——
人們是否會堅持自己的意見？

請參見下圖。圖中並排著標準線及A到C三條線。該實驗的內容是，請七名實驗對象從A到C的比較線中，選出跟標準線一樣長的線。

你會選擇哪一條？一定是B吧！但最終的實驗結果，有七六%的人選擇了C，而不是B。

其實，這項實驗隱藏著一個陷阱。在七名實驗對象之中，有六名是阿希雇來的人

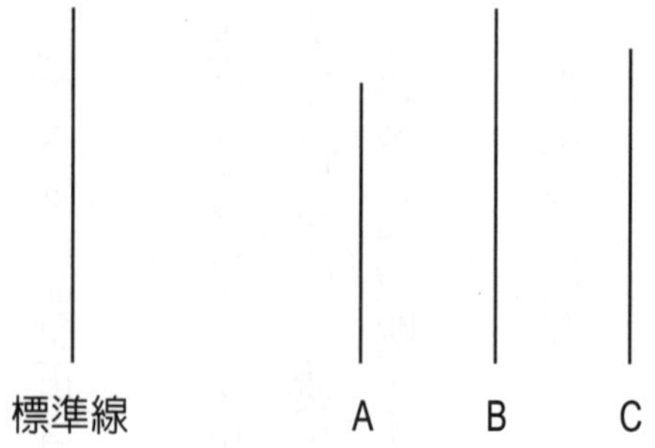

員，他們會在實驗中堅持「C」才是對的。

真正的實驗對象聽到後自然非常吃驚，但是，看到其他人如此堅持，他們也會陷入思考：「其他人（安排的人員）都那麼堅持，說不定是我錯了？」最終，有七六％的人也選擇了C。

這就是所羅門．阿希於一九五六年所做的阿希從眾實驗（Asch conformity experiments）。

強調數據，但不能造假

要在業務中活用共識與社會認同法則，方法很簡單。只要告訴對方，有很多人選擇你販售的商品或服務就可以了。

大家應該經常看到廣告上或是行銷文案，使用「業界第一」、「總共超過一千名的……」、「回購率高達九〇%」或「顧客滿意度達到九〇%」等宣傳文句，為的就是將共識與社會認同的影響力發揮到極致。

如果你想推銷某個方案，可以告訴對方「九〇%以上的人都選B方案」，會很有效果。例如，顧客原本考慮便宜的C方案，但你可以透過這種方式，引導他選擇稍貴一點的B方案，大幅提高客單價。

而且，共識與社會認同法則，更可有效提升當場簽約的機率。舉例來說，顧客之中有人對簽約有疑慮，詢問：「有多少人現場直接簽約？」這時可以告訴對方「大約有九〇%以上的人當場就決定了」，對方很可能因此放心：「那我也簽吧。」

像以上例子這樣強調數據，能強化共識與社會認同的效果。如果單單說「很多人選擇B方案」，難以讓對方想像，甚至會懷疑：「很多人是指多少人？」如果用詞曖昧不清，顧客很可能會覺得業務員說不定是在隨口胡謅，而不再信任。因此，利用共識與社會認同法則時，一定要附加實際的數據。

此時，最重要的關鍵，就是不能在數字上說謊。其實不單是使用這個法則的時候，人本來就不應該說謊，但還是有許多人濫用「九〇％」或「業界第一」等數據，結果失去公信力。

想藉由共識與社會認同法則發揮影響力，重要的是一定要用正確的數據。如果真的沒有，就要重新思考行銷的方式。要是使用虛假宣傳來引發共識與社會認同，很可能會構成詐欺或誇大不實的問題，絕對要小心。

4 頭銜、服裝與配件之必要——權威效應

看到穿著白袍的醫師、胸前別著徽章的律師、西裝筆挺的財務顧問，你會懷疑他們所說的話嗎？如果你的答案是「會」，那你確實足夠謹慎。不過，絕大部分的人會對律師、醫師和財務顧問的發言深信不疑。

這就是權威效應（Authority Effect），人們會下意識的認為因為對方是律師，說的話絕不會錯。在專家面前，我們都會變得盲目。

為什麼權威有效？大腦為了節省資源

為什麼我們在專家面前會變得盲目？從結論上而言，這樣能幫忙節約大腦的資源（也稱作意志力、Will Power）。人類的大腦也有資源，我們平時都在利用它們計算、推論、思考、理解及決策。

但是，大腦每天能用的資源有限，因此當我們努力工作一整天、回到家後，便什麼都不想做，更別說還要繼續動腦。

從這個例子可以知道，如果做每件事都要占用大腦的資源，很快就會枯竭，導致運作效率大大下滑。

總之，當權威效應發揮作用時，大腦就會釋出資源，再重新分配到真正需要的其他部位。彷彿就像腦正態度惡劣的對我們嗆聲：「穿白袍的，當然是醫生啦，拜託你不要為這種蠢事浪費我寶貴的資源，好嗎！」我們的腦已經演化到以節省資源為最大目標。

如何活用權威效應？從外觀著手

活用權威效應時，需要注意三個重點：頭銜、配件、服裝，以下逐一說明。

頭銜

頭銜指的是職業或業績，例如「我是某知名大學的教授」或「我曾指導過一千人以上」等。大部分的人聽到這些頭銜和成績，都會萌生好印象——這個人好厲害。

這裡介紹一個有趣的實驗，是以某大學的五個班級為對象。研究者分別告知各班級「會有來自英國劍橋大學的訪客（演員）」，而每個班級被告知的訪客頭銜都不一樣，包括：

・學生（低權威）。
・實驗助手。
・講師。
・副教授。
・教授（高權威）。

之後，研究者請五個班級的學生猜測訪客的身高。結果，頭銜每升高一級，猜測的訪客身高平均增加一・五公分，學生和教授兩個頭銜差了將近七・五公分。

沒想到，頭銜的力量還能影響到身高。在人們的想像裡，擁有一定權威的人，身材都比較高大。也就是說，頭銜的威力能讓對方感覺到權威。

配件

光是持有具權威感的物品，就能讓顧客感受到權威。例如眼鏡、西裝上的徽章、鋼筆或高級公事包等單品，都能發揮效果。

英國護理教育者喬治・卡斯爾丁（George Castledine）曾在其論文《外在印象之重要性》中提到，醫師一定要隨身戴著聽診器。因為無論醫師技術再高超，只要不戴聽診器，就不會受到患者信任。

服裝

想要展現權威效果，服裝非常重要。這裡介紹一個相關的實驗，研究者隨機在路上攔下路人，指著站在十五公尺外、停車收費處旁的一名男性，說：「您能不能幫忙一下，把十美分交給站在停車場旁邊的那個男人？我的停車時間好像超過了，但我身上剛好沒有零錢。」

實驗中，研究者會分別穿上普通衣服和警衛制服，再觀察實驗對象面對不

權威效應

想服從專家、傑出人物的心理效果。

同服裝的研究者時，同意的比率分別有多少。

結論是，穿著普通衣服時，同意的比率為四二%；而穿著警衛制服時，同意的比率竟高達九二%，警衛制服以超過兩倍的差距大獲全勝。很令人驚訝吧！明明要求完全相同，只是因為服裝不一樣，得到的結果卻天差地別。

如果你是業務員，最好在西裝上講究一下。穿上體面合身的西裝，會讓人彷彿改頭換面一般。特別是面對平常很少穿西裝的顧客，他們大多數都覺得「西裝＝專業認真」，非常容易受權威效應的影響。

不過，如果西裝上有脫線或皺褶，反而會讓人覺得邋遢，甚至可能會嚴重損害權威感，所以一定要定期將西裝送去乾洗、清潔保養。

5 限時、限量永遠有效——稀有性原理

各位如果看到特價活動上，寫著「限定一百個！」、「只到十二月三十一日！」、「會員限定！」等廣告詞時，就算自己不需要，是否也會萌生購買的衝動？

或者，原本逛服飾店時沒打算買，但看到自己喜歡的衣服標上「月底前七折！」，就忍不住掏腰包買了……。一般常說人們往往對「限定」沒有抵抗力，就是受到稀有性原理（principle of scarcity）的影響。

那麼，我們為何會受到稀有性原理影響？

根據研究，稀有性原理源自人類認為「失去＝死亡」的本能。當遠古人類

還在草原求生的時代，失去的概念就會直接連結到死亡。例如，失去了手上的食物，就不知道下一次什麼時候還能再獲得。於是，人類的腦中就深深牢記：「一旦獲得食物，就要盡全力保住。」

也就是說，人類在草原時期培養的本能，讓我們對失去東西的損失非常敏感。因此，當某個東西的數量被限定的情況下，就會感覺它更珍貴了。

餅乾越少越好吃？

這裡介紹一個古典的實驗，研究者請實驗對象評價兩個瓶子裡的巧克力餅乾的味道，瓶中的餅乾分成兩種。

① 瓶子裡有十片巧克力餅乾。

②瓶子裡有兩片巧克力餅乾。

然後，請實驗對象試吃兩種餅乾，分別評價後再設定價格。結果，大多數實驗對象都覺得②的餅乾比①更好吃，將②的價格設定得更高。

該實驗也藏著一個陷阱，其實放在兩個瓶子裡的，是同一種巧克力餅乾。但是，大家還是覺得②的餅乾更貴、更好吃。從這個實驗可以得知，比較難獲得（數量有限）的東西，人們會賦予更高的評價。

如何活用稀有性原理？限制四種要素

想產生稀有性，就要限制以下四種要素。

・數量（例：限定一百個）。
・日數（例：限定三天）。
・會員（例：只限訂閱者）。
・現場價格。

數量，就是單純的限制總數，例如「限定一百個」；日數就是日期，像「限定三天」或「只到本月底」等，都很常見。

其他還有會員限定。像是近年來很流行的訂閱和註冊，全都是針對會員的活動，加入後才會提供會員們專屬的資訊或內容，例如 YouTube 會員或是 Netflix等。

最後說明什麼是現場價格，它就是「現場簽約的專屬價格」，對於促使當場成交非常有效。舉例來說，如果企業想推出網路行銷諮詢，就可以提出「即刻簽約，免除帳號開辦費十萬日圓」等限定企劃。

利用這個原理時，只需要記住一件事，誇張一點的說，就是「任何理由都可以」。例如企業〇〇週年紀念、百貨週年慶、聖誕促銷、上市紀念、黑色星期五等，都可以作為推出限定商品的理由。

也就是說，只要有活動，就能利用稀有性原理的效應。各個企業也都會利用稀有性原理來推出促銷方案，藉此獲得穩定的收益增長。

「Supreme」就是很好的例子，它是來自美國紐約的潮牌，可說是將稀有性原理利用到極致。他們只販售限定版服裝及飾品，再加上販賣的數量有限，每次都會造成消費者搶購，在轉賣平臺的價格也居高不下。

Supreme藉由稀有性原理，提高自家品牌的價值，維持良好的銷量及業績。由此可知，這個原理是讓業績穩定增長的重要心理法則，請各位多多活用在銷售戰略上。

6 非語言訊息的威力——麥拉賓法則

「麥拉賓法則」（the rule of Mehrabian）是由美國心理學家艾伯特・麥拉賓（Albert Mehrabian）提出。他認為，人會透過以下三個要素來評判他人。這三個要素就是視覺訊息、聽覺訊息和語言訊息。

麥拉賓教授將各種訊息的影響力，轉化為具體的數值，在此藉由圖表來說明。請看左頁圖表，可以了解透過視覺↓聽覺↓語言的順序，對於他人的影響程度各有多少。

舉例來說，各位是否曾經看過有人邊笑邊生氣？這或許很難理解，不過還是請大家發揮一下想像力。

麥拉賓法則

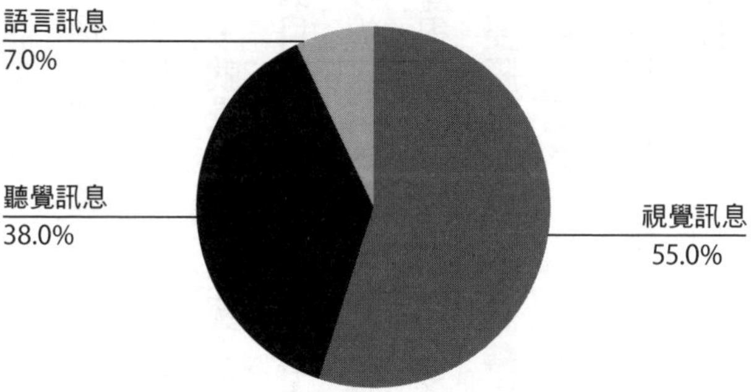

評判他人時，視覺訊息的影響最強烈。

我想，大部分的人都不會覺得對方真的生氣。之所以這麼說，是因為對方笑容滿面（視覺訊息），用開心的語氣（聽覺訊息），罵道「你給我差不多一點」（語言訊息）。

另外，大家也可能曾經因為「喊口號展現決心的音量太小」，結果被斥責。只要參加過運動性社團的人，應該都對這種情況不陌生。

那麼，當你聽到有人用很小的音量喊口號時，會怎麼評價對方？想必一定會覺得「這個人根本沒下定決心」吧！這也是當然的，因為他的眼睛看著下方（視覺訊息），用很微小的聲音（聽覺訊息）說：「我會努力！」（語言訊息）。

最後一個具體的例子是搞笑藝人。大家有沒有看過松本人志主持的電視節目《人志松本的不凸槌搞笑》（人志松本のすべらない話）？這個節目的企劃很簡單，就是幾位搞笑藝人坐在一起，分別發表絕對不會失敗的笑話。

節目中，無數的搞笑藝人讓現場的觀眾捧腹大笑，但是，這裡要告訴大家一個令人震驚的事實。那就是，表演者的笑話本身其實沒那麼好笑，大家之所以會覺得有趣，是因為表演者的視覺訊息和聽覺訊息。

只要將藝人說的笑話轉成文字稿，就會明白一定沒有多少人會因為這些內容笑出來。因此，與其說是內容有趣，不如說是表演者透過表情、說話方式、聲音的抑揚頓挫，讓笑話變得更好笑。

由此可知，我們的生活幾乎都被麥拉賓法則所左右。

如何活用麥拉賓法則？注重如何傳達

銷售的起跑線，就是了解「非語言訊息，比語言訊息更重要」。非語言溝通，主要就是指視覺訊息和聽覺訊息。

你發現麥拉賓法則所隱藏的終極訊息了嗎？這個法則要傳達的，不是「視覺訊息五五．〇％、聽覺訊息三八．〇％」這些難懂的理論。其重點不在訊息本身，而是在於不同的表達與溝通方式。也就是說，說什麼內容不重要，如何傳達才是關鍵。

以下就針對銷售的部分探討具體做法。總而言之，就是「說話推銷時，不要太過用力」。

大部分差勁的業務員都只在意自己要說什麼，也是這類人會不斷的尋求某種強力的魔法詞彙，希望能用推銷話術一擊中的、讓客戶最後說出ＹＥＳ。但是從心理學的角度來看，他們並未找到真正的問題所在。

大家應該已經明白，語言訊息其實沒有那麼大的影響力。說實話，就算用的是業界公認NG的話術，厲害的業務員依然能賣出商品。

我們真正應該關注的是非語言訊息，簡單來說，就是外在打扮。

這是針對視覺訊息的訴求，具體到髮型、皮膚、嘴巴周圍、服裝及鞋子等，都要仔細注意。大家可以想像一下，一個牙齒發黃、聲音微弱的業務員傳達的訊息，會有說服力嗎？想必絕大多數的回答都是「不」。

世上不存在一擊必中的話術。當然，有些商談技巧可以稍微提升簽約率，但想靠某種強大的話術逆轉整個形勢，基本上是不可能的。

本書也有很多心理法則完全不涉及商談技巧，例如之後介紹的首因效應（請見第一〇〇頁）、近因效應（請見第一〇四頁）和光環效應（請見第一〇九頁），都不會談到這方面的技巧。

看過內容就會知道，這三個心理法則會帶給顧客非常大的影響，是很重要的銷售心法。

關於麥拉賓法則，只需要了解一件事，就是「重點不在於說什麼，而是怎麼說」。讀到這裡，或許有人急著想知道，該如何才能真正活用視覺訊息與聽覺訊息。下一章開始，就會介紹許多心理法則來充實非語言訊息，請各位務必讀下去。

下一章，會介紹十一個心理法則，能幫你取得客戶信任。

在序章的銷售程序中曾稍微提過，取得信任（Rapport）就是構築信賴關係。你曾經刻意做過什麼事，以建立與他人的信賴關係嗎？一般熟知的方法，大概是稱讚對方、找出共同點，或是經常面帶笑容吧！

當然，本書也會提及類似的內容，但更會提供許多強大的武器。資源如果過於豐富，使用時或許會讓頭腦一團亂，但武器還是越多越好。

請大家務必仔細閱讀並深入理解每個心理法則，徹底落實在實際行動。

第 2 章

決定「跟你買」的關鍵

1 利用自白誘發顧客坦白——自我揭露

簡單來說，自我揭露（self-disclosure）就是先和對方分享自己的私人資訊，據說能有效的讓人際關係更親密。

它源自於社會心理學家歐文．阿特曼（Irwin Altman）和德爾馬斯．泰勒（Dalmas Taylor）提出的社會滲透理論（social penetration theory，是關於人際關係的發展與衰退過程的理論）。

為什麼自我揭露能讓關係變親密？這與第一章介紹過的互惠原則及承諾與一致性原理有關。過程簡化如下：

①自我揭露。

↓

②互惠原則。

↓

③對方自我揭露（重複②與③的過程）。

↓

④承諾與一致性原理。

↓

⑤獲得好感。

對話一開始，先採行自我揭露，然後提問。例如：「我假日大都在讀書（自我揭露），您都做什麼消遣（提問）？」。如此一來，對方內心會下意識的覺得「他都對我說自己的事了，我不回答好像說不過去……（承諾與一致性原理）」。於是，對方也會回答「我大都去健身房」（對方自我揭露）。反覆實行自我揭露與提問的過程，其中的自我揭露就會逐漸由淺變深。

淺的內容是興趣、出身地或職業等剛見面時提供的訊息；深的內容則是自我心結或價值觀等，關係必須夠密切時，才會談論的內容。

當對方願意分享深入的內容，承諾與一致性原理便會發揮作用，幫助我們贏得對方的好感。

前面曾提到，人一旦做出某種承諾，就會試圖採取一致的行動和發言。下面將先前的範例，整理成具體的對話。

我：「我對3C產品實在沒辦法（自我揭露），山田先生有沒有什麼不擅長的領域呢（提問）？」

山田：「其實，我不太懂銷售（對方自我揭露）。」

※山田的腦裡：「對願意吐露苦惱的對象＝『我』產生好感（承諾與一致性原理）」。

我：「您不太懂銷售嗎？具體是哪裡讓您有這種感覺？」

關於腦裡的反應，在描述上或許有點極端，但大致的流程便是如此。同時運用自我揭露與提問，會引發互惠原則。繼續深入下去，就會因承諾與一致性原理，讓我們更容易獲得對方好感，進而順利建立信賴關係。

無限循環說話法——提問並重複對方的答案

無限循環說話法是我發明的一種對話方式，可以有效獲取對方的信任。大致的對話形式及架構如下：

1自我揭露。
↓
2提問。
↓
3回溯。

回溯（backtracking）指的是直接重複對方發言的技巧（詳細內容請參見第八十五頁）。這個架構囊括了取得信任、延續對話等兩種方法。前面已經說明關於取得信任，所以這裡先跳過。

簡單來說，延續對話就是半永久的維持對話。大家一定曾有聊不下去，導致雙方都很尷尬的經驗吧？無限循環說話法可以輕鬆解決這個煩惱。為了更容易理解，請見以下具體的例子。

我：「我假日大都在讀書（自我揭露），您都做什麼消遣呢（提問）？」

山田：「我大都待在家裡看電影。」

我：「看電影嗎（回溯）？我很常看動作片（自我揭露），您都看哪種類型的電影（提問）？」

山田：「我最常看恐怖片。」

我：「恐怖片嗎（回溯）？我偶爾也會看恐怖片（自我揭露），您有什麼推薦的嗎？（提問）」

山田：「那你一定要看《×××》，結局保證讓你意想不到！」

我：「《×××》嗎（回溯）？我聽過這部片，但完全不知道它在講什麼（自我揭露），您可以告訴我大概的內容嗎？」

山田：「《×××》這部片是在說……。」

大致的流程就像這樣。另外，實際運用無限循環說話法的時候，要記得以下兩個訣竅。

・訣竅一：找到重點提示

首先，從對方的答案中找到重點提示。以前面的對話為例，當山田回答「我大都待在家裡看電影」，這句話的重點提示就是看電影，所以後面才會問「您都看哪種類型的電影」。請記得，對方的答案中一定藏有重要的提示。

・訣竅二：自我揭露要適度

第二個是，不必在所有對話中，硬是加入自我揭露，這樣只會讓對話更不自然。就像前面提到的，自我揭露是為了讓對方自我揭露的手段。因此，當彼此關係尚淺時，我們這一方就需要頻繁的主動自我揭露。但是，當雙方關係發展到一定程度後，就不需要這樣了。

此時的交談以自然為第一優先，偶爾再分享一些個人的訊息即可。

自我揭露

向他人分享個人資訊，對方也會想分享。

最後要補充的是，自我揭露的內容不可過於冗長。例如：「我休假時喜歡讀書……，最近讀的是心理學類型的……，主要是因為我在教授銷售相關課程……。」如此冗長繁雜的資訊，只會搞得對方十分混亂。所以，自我揭露的內容，最好簡明扼要。

2 氛圍帶動好感——自發特質移情

自發特質移情（Spontaneous trait transference），這個專有名詞乍看之下很難理解，其實非常簡單。舉例來說，身處在婚禮的幸福氛圍中，便會讓眼前的異性更有魅力，所以常會發生以下這種情況：參加朋友的婚禮，結果和婚禮上相遇的人結婚。

這就是將現場氛圍，投射到對方身上的自發特質移情效果。相反的，如果是在悲傷的葬禮上，就很難讓人對現場的異性產生遐想。也就是說，如果想獲得對方的好感，現場的氛圍非常重要。

・好的氛圍↓看起來更有魅力。
・壞的氛圍↓看起來沒有魅力。

說人壞話、自己吃虧

這裡介紹一個俄亥俄州立大學所做的實驗。首先，他們會讓實驗對象觀看某個影片，其中的A正在說B的壞話：「B很討厭動物，我去買東西時，居然看到他踢飛一隻小狗。」然後調查實驗對象，對A和B哪一方的評價更負面。

實驗的結果是，回答A的人占大多數。一般來說，應該會覺得踢飛小狗的B更糟糕吧？結果大多數的實驗對象，卻對A的印象更差，理由源自以下的方程式。

「氛圍：負面」＋「眼前的對象：A」↓A＝負面。

也就是說，因為A說了別人的壞話，讓影片中的氛氛變得非常沉重，導致實驗對象對眼前的A產生糟糕的印象。

如何活用——說好話、做好事

簡單來說，就是要徹底排除造成惡劣氛圍的因素。借用先前的實驗為例，就是絕對不要說別人的壞話，以及避免製造尷尬的氣氛（活用前面的無限循環說話法，就能完美解決這種問題，開心的對話能創造良好的氣氛）等。

另外就是切記不要發脾氣。這一點看似理所當然，但出乎意料的，還是有很多人做不到。

和大家分享我自己的實際經歷。當時我是客戶，和保險業務約在咖啡廳討論事情。我對他的第一印象很不錯，覺得他是個充滿魅力又擁有信念的業務員。但是碰面大約三分鐘後，當店員把我們的咖啡端來時，事情就發生了。

咖啡裡居然出現了某種不知名的異物。那位業務員一發現這個情況，便用強烈的口吻，要求店員把咖啡拿回去換掉；但如果是我，可能會笑著對店員說：「好像有東西掉進去了，可以幫我換一杯嗎？」而在那一刻，我就不再想和他簽約了，同時直接忽略他第二天傳來的 Line 訊息（當然這樣是不對的）。

當然，我能理解他的心情，但是身為專業的業務員，要是為了一點小事就發脾氣，只會讓人覺得他不合格。一位專業的業務員，首先要注意的是現場氣氛，這件事比學習任何商談技巧都更重要。

3 重複事實、重複情緒——回溯

簡單來說，回溯就是模仿對方，也就是直接重複對方說的話。下面看看具體的例子：

我：「您假日都做什麼呢？」
山田：「都在讀書。」
我：「讀書嗎？」

只要利用回溯的技巧，便能簡單又有效的獲得對方的好感。接下來為大家說明之所以有效的原理。

回溯擁有讓對方安心的效果。大家可以觀察下面兩個範例，看看哪一個讓你更有好感。

〈例子一〉

花子：「昨天有一件事，讓我好開心！」

我：「什麼事？」

花子：「我昨天和朋友一起去迪士尼樂園玩！」

我：「嗯。」

花子：「然後啊，剛好那天人很少，我們玩到了每一個想玩的設施！」

我：「欸！」

花子：「米奇和唐老鴨都讓我們獨占了！」

我：「哇！」

花子：「嗯……。」

〈例子二〉

花子：「昨天有一件事，讓我好開心！」

我：「什麼開心的事？」

花子：「我昨天和朋友一起去迪士尼樂園玩！」

我：「你們去了迪士尼樂園啊！」

花子：「然後啊，剛好那天人很少，我們玩到了每一個想玩的設施！」

我：「你們居然玩到了所有想玩的設施，也太厲害了吧！一定超開心的！」

花子：「米奇和唐老鴨都讓我們獨占了！」

我：「居然獨佔米奇，太狡猾了吧！」

花子：「很棒吧！」

如何？後者明顯更會讓人萌生好感吧！回溯的技巧會讓對方覺得「你仔細的聽他說話」，即便只是重複發言，也能夠讓對方安心，進而讓對方對自己產生好感。

熟練使用三種回溯技巧

回溯一共可分為三種，分別是事實回溯、情緒回溯、總結回溯，以下分別說明。

・事實回溯

就是直接重複對方說的話，也是最典型的回溯技巧。

我：「您假日都從事什麼活動？」
山田：「都在讀書。」
我：「原來您都在讀書啊！」

・情緒回溯

不重複對方的發言，而是重複對方的情緒。

我：「最近還好嗎？」
山田：「我最近和男朋友分手了，老實說心情真的很差，而且還是他劈腿，一想到就生氣！」
我：「那真的很令人生氣！」

運用情緒回溯時，要直接複述對方展現出來的情緒。情緒表現很容易產生誤差，例如，生氣和不爽雖然很相似，但是對當事人來說，很可能還是不一樣。為了不讓雙方在情緒表現的認知上有所誤解，回溯的時候要直接複述對方的情緒。

・總結回溯

這是總結對方的發言後再重複的回溯，當對方的回答過於冗長時，就能利用這個技巧。

我：「您在銷售方面有什麼煩惱嗎？」

山田：「其實有很多，主要是擔心無法取得顧客的信任，雖然我很努力尋找彼此的共通點，但總是不太順利……。」

我：「所以您很擔心無法取得顧客的信任。」

總結回溯的重點，在於了解對方最終想要表達什麼，然後一定要直接使用對方的發言來回溯。

4 熟人——重複曝光效應

重複曝光效應（Mere Exposure Effect），是由美國心理學家羅伯特・扎榮茨（Robert Zajonc）於一九六八年提出的心理法則，也被稱作「單純曝光效應」。

以下介紹幾個具體的例子。大家是否曾有以下的經驗？一開始覺得很可怕的人，經常接觸後反而變成好朋友；或者剛開始對某個廣告很反感，看久了之後反而習慣了等。

就像這樣，當我們越常接觸某個對象，越容易產生好感。重複曝光效應的關鍵，就是接觸次數比接觸時間更重要。

舉例來說，想讓喜歡的異性對自己產生好感，那麼比起一天相處五個小時，連續五天相處一個小時的效果更好。每個人都想和喜歡的人一直待在一起，我可以理解這種心情，但是，如果想達到交往的目的，最好的方式是反覆進行一小時左右的接觸，會是最佳的方式。

熟識後壓力減輕，誤以為有好感

其實，至今都沒有人了解重複曝光效應的原理，不過在眾多假說中，有一個說法較為有力，就是知覺流暢性錯誤歸因（perceptual fluency misattribution），這是指習慣會提高我們對某人或某物的認知及感覺，讓我們誤以為對對方萌生好感。

所謂的知覺，就是透過視覺、聽覺、嗅覺、觸覺及味覺等感官，掌握外在事物。舉例來說，當我們不了解初次見面的陌生人，感官知覺就會全力運作，這會帶來極大的壓力，讓我們與他人初次見面時變得非常緊張。但是接觸幾次後，對方的存在變得十分明確，知覺不需要再全力運作，壓力自然也減輕了。

總結來說，增加接觸次數，能減少透過知覺處理的壓力，進而減輕和對方見面的壓力。於是，大腦就會誤以為「壓力減輕＝一定是因為對對方有好感」（錯誤歸因）。

雖然這個理論還只是假說，卻能讓我們更理解大腦構造，所以還請當成基礎知識牢記起來吧！

製造機會、增加接觸

如果是跑業務，以越少的接觸次數拿到合約越好，這是為了提升工作效率。花三小時拿到合約，與只花一小時就拿到合約，後者明顯更有效率；節省下來的兩小時，又可投入其他的銷售活動。但是，初出茅廬的菜鳥業務也這麼做的話，只會失去大把簽約的機會，畢竟接觸的次數太少，很可能還沒完全獲得對方的好感。

以喜歡的女性為例，對方都還沒做好心理準備，就直接告白，很可能只會白忙一場。因此，必須先戰略性的增加接觸次數。

那麼，應該將接觸次數設定為幾次最好？最簡單的方式，就是依銷售程序來區分。序章曾提過，銷售程序大致可分成四個過程：取得信任、傾聽、簡報、完成交易。

再次提醒，取得信任，是構築信賴關係的階段。傾聽，則是引出顧客個人資訊的階段（第三章會具體分析）。簡報，是為顧客提出解決問題方案的階段。完成交易，是促使顧客簽約的最終階段。這些銷售程序非常重要、缺一不可。

若是不先從取得信任的階段開始，一步步往下進行，根本無法到達最終的簽約階段。畢竟，沒有人願意被陌生的業務員問一大堆問題。

想像一下，有個你還不是很信任的私人教練，不停的逼問你：「現在體重多少？」、「理想的體重呢？」、「想克服的課題是什麼？」你一定會覺得很煩吧！或者是連服務內容都還不清楚，對方就追問：「您覺得怎麼樣？」還被逼著購買，感覺一定很不好。因此，銷售程序是順利成交最重要的概念。

那麼，我們應該怎麼用銷售程序來區分？以下我會透過自己與顧客交流的經驗，將銷售的接觸模式分成四種類型（會因職業不同而有不同的效果，還請見諒）。

傳統模式：

①取得信任。

②傾聽。

③簡報&完成交易。

這是最常見的銷售模式，保險規畫師與不動產投資顧問，大都會採用這個模式。

活動模式：

①活動（取得信任）。
②傾聽。
③簡報&完成交易。

活動模式是利用自己的強項獲得對方信任。例如，我有一位朋友是保險規畫師，她很擅長烹飪，於是便定期舉辦餐會、煮料理招待大家，讓她更容易獲得客戶信賴，從而促進交易或簽約的進程。如果你有任何特殊技能，可以嘗試舉辦相關活動，增加見面的機會。

研討會模式：

①研討會（取得信任）。

②傾聽＆簡報＆完成交易。

研討會模式和活動模式有點類似。例如，保險規畫師可以舉辦「財務管理研討會」，吸引有興趣的潛在客戶。這個模式與活動模式的不同之處在於，可以直接連結到預計推銷的商品，極大的提升簽約率。

社群模式：

①社群媒體（取得信任）。

②傾聽＆簡報＆完成交易。

利用社群模式提升信任感，是性價比最高的方式。例如，我目前正在經營

YouTube頻道，只要是反覆觀看、也就是接觸次數最多的訂閱者，幾乎都成了我的客戶。

當然，不只是YouTube頻道，像是note（按：日本最大的內容創作平臺）、X（前身為推特）、Instagram或部落格都可以。隸屬於公司的業務員，或許沒什麼機會利用社群媒體推展工作，但對個人創業者或經營者來說，應該有效的利用社群媒體。

5 第一印象最深刻——首因效應

久違的見到親戚家的孩子，對方已經長大成人，但因為小時候的印象太深刻，即使眼前已經是個大人了，依然還是覺得對方很可愛。或是你作為客戶，和業務員在店裡談話，這個業務員對店員的態度極為傲慢，那麼之後對方的一言一行，在你眼中都會變得很負面。就像這樣，我們傾向於以第一印象判斷他人的一切。

此外，根據某項研究，人們會在兩秒內決定第一印象，而且這個印象會持續半年。也就是說，一旦你留給對方好印象，持續的時間會比想像得還要長。

首因效應（primacy effect）原本是運用於學習等領域的心理法則。例如要背五十個單字時，比起中間或最後的單字，前面的單字被重複背誦（保持記憶）的次數更多。

也就是說，我們更容易回想起最先背的單字（回憶）。由此可知，首因效應對印象的形成也有很大的影響。下面就介紹一個相關的實驗。

阿希的認知實驗

美國社會心理學家所羅門・阿希（Solomon Asch），曾於一九四六年做過以下實驗。他將實驗對象分成兩組，請他們閱讀一張寫滿描述某人性格的形容詞表單，再調查他們對那個人的印象會產生何種變化。

・第一組的表單：知性、勤勉、衝動、批判、頑固、愛嫉妒。

・第二組的表單：愛嫉妒、頑固、批判、衝動、勤勉、知性。

仔細觀察就會知道，第一組和第二組的表單，差異只有形容詞的排列順序而已。第一組是從正面詞彙開始，第二組則是從負面詞彙開始。不過，只是改變排列順序，真的就會改變對一個人的印象嗎？

實驗結果是，第一組的人都傾向給予正面的評價，第二組的人則都傾向給予負面的評價。由此可知，一開始接收到的形象，會扭轉我們之後對一個人的判斷，阿希的實驗讓世人了解第一印象的重要。

就結論來說，就是要努力呈現正面的第一印象。例如，乾淨整潔的外表、充滿朝氣的聲音、笑容可掬的態度，都會給對方帶來正面的感覺。如果一開始就給對方乾淨、清新的好印象，就算後來做錯事，對方也會從好的方向去解釋你的行為，覺得「誰都可能會犯錯」。

同時也要謹記，絕對不能做出負面行為，例如滿臉不耐煩或是遲到等，這些行為都只會讓人對你之後做的事產生惡劣印象。

只要增加正面行為、減少負面行為，顧客自然會對你萌生好感。第一印象對工作有很大的影響，一定要注意。

6 道再見時的身影最重要——近因效應

近因效應（recency effect）是指，人更容易記住談話或事件中的最後印象。

例如，你在某家店裡點了飲料，但飲料遲遲不送來，讓你很不高興。但是店家最後非常誠懇的向你道歉，讓你留下了良好印象，從而改變了你對那家店的評價。

大家也可以試著回想前男友或前女友的事。基本上，腦海裡浮現的都是分手時的場景吧！我們對於分手對象的印象，往往取決於結束的那一刻。如果分別得很慘烈（最後印象），那麼關於對方的一切，都會變成最糟糕的回憶。

近因效應和前面提過的首因效應一樣，都是與記憶相關的心理法則。假設現在要背五十個單字，記了一輪之後開始出題，這時第一個單字基本上已經忘得差不多，只剩最後背誦的單字還記憶猶新，所以最容易回想起來。

近因效應和首因效應，同樣都對印象的形成有龐大影響，以下介紹的實驗能佐證這個理論。

「近因效應」的實驗

美國社會心理學家諾曼・安德森（Norman Henry Anderson）於一九七六年進行了以下實驗。他將實驗對象分成律師、檢察官和陪審員等三組，實行模擬審判。此時，辯護方與檢方會分別準備六個證詞，再依據證詞陳述的順序，來調查審判的結果會如何改變。

第一組：一方提交兩個證詞，另一方再提交兩個證詞，不斷重複，最後進入審判。

第二組：一方一次提交六個證詞，另一方也一次提交六個證詞，最後進入審判。

實驗的結果是，無論使用哪一種方式，最後提交證詞的那方，有很高的可能性說服陪審員。也就是說，若最後陳述證詞的是辯護方，辯護方就可能贏得審判；但如果最後陳述證詞的是檢方，檢方則更可能贏得審判。因為最後的印象更容易留在記憶裡，成為陪審員評斷的依據。

想在銷售中發揮近因效應，那麼無論成交與否，都要在最後的時刻，採取比先前更慎重、更有禮貌的態度。

例如，接單、付款的流程一結束，有些業務員的態度就開始敷衍，大概是因為目標達成而鬆懈了，有時還會露出「想早點回去」的不耐煩態度。對方很容易接收到這類非語言訊息，就會讓顧客覺得：「這個人態度好奇怪……不想和他簽約了。」

不論買賣成不成，分別時的身影很重要

真正優秀的業務員，即便拿到合約，甚至最後沒有成交，也絕對不會讓顧客萌生不好的印象。因此請更客觀的審視自己，盡量呈現正面的表現。最後再誠懇的致謝，或是有禮的送顧客出門，就會更加分。

另外，還可以在分別之際，留下讓對方印象深刻的話語，例如「下次會為您提供更有幫助的訊息」，或「下次再深入談談今天的內容」等，為自己創造機會、以利再次碰面；同時，這種做法還能引發「蔡加尼克效應」（請參見第二一四頁），延續對方的好奇和關注，讓對方期待下次的會面。

分別的時刻，是留下好印象、獲得再次見面的大好良機。注意自己最後的言行舉止，有效的利用近因效應吧！

7
這產品，名人都在用——光環效應

光環效應（halo effect）也稱為「後光效應」，語意源自釋迦牟尼佛身後的圓光（光環），後來演變成用來代指「擁有光環＝應該被尊敬的對象」。

比方說，你是否會覺得戴眼鏡的人看起來頭腦更聰明、個性認真，或不太擅長運動？這就是眼鏡這個突出的特點，影響了人們對於內在的判斷。

日本有句諺語說：「厭惡和尚，甚至連袈裟都可恨。」便可清楚說明何謂光環效應。袈裟是佛教僧侶用來裹身的法衣，因為厭惡某人（物），連關於對方的一切事物都厭惡，也可說是「恨屋及烏」的意思。

老師評分也會受光環效應影響？

以下是以色列行為經濟學家丹尼爾．康納曼（Daniel Kahneman），為學生的論文考試評分時發生的事。

論文考試分為試題一和試題二共兩道題目，而康納曼在評分的過程中發現：試題一和試題二的評分很相似。也就是說，如果該名學生在試題一的評分很高，就算試題二寫得很抽象又難以理解，也會因為光環效應的關係而忽略。

・試題一（評價正面）→試題二（評價正面）。
・試題一（評價負面）→試題二（評價負面）。

當康納曼察覺到這一點，從此之後，他會先把試題一全部評完，再繼續評試題二。這麼一來，他就不會受到光環效應的影響，而能更公平的評分。

打造好的外在形象

從結論來說，要注意下面三件事：外表、笑容、實績。

外表

最有效果的方法是，你想讓對方聯想到何種形象，就配戴符合該形象的配件。例如，戴上眼鏡，就能讓顧客萌生正面情緒：「這個人一定頭腦很好。」

此外，以色彩心理學來說，最好也要依照場合，改變領帶的顏色。比方說，藍色讓人覺得冷靜專業；綠色能營造放鬆、舒適的氛圍；橘色能給人積極親切的印象等。只要在重點多花一些心思，就能立刻改變顧客對自己的印象。

不妨多利用小道具，打造出你期望擁有的形象！

笑容

各位對笑容可掬的業務員，有什麼印象？大概會覺得對方是好人。那麼，如果業務員聽顧客說話時，總是面無表情，想必你一定會覺得對方冷漠，或有點可怕，對他的評價很差。

事實上，很多詐騙犯就是利用笑容，巧妙的操縱及欺騙消費者。他們越是笑容滿面，越是能順利賣出價格貴得超乎尋常的商品。

例如，詐騙犯要你投資某個金融商品，宣稱報酬率高達一〇％。但只要冷靜想想，就會知道不可能會有穩賺不賠的東西。但是看到對方真摯的笑容，你便下意識的覺得他一定不會騙人，最後就上當了。

說件丟臉的事，我之前就曾經在投資方面被人騙過，雖然不想承認，但對方的笑容真的非常燦爛又有魅力。

實績

如果你是公司的人事主管，會錄取以下A或B哪一位應徵者？

A：「曾經連續兩年拿下最佳銷售業績」、「之前待過知名企業」。

B：「一直是約聘」、「之前待的是中小企業」。

如果只看這些資訊，大概會直接錄取A吧！畢竟，A的履歷保證了他在進公司後可以拿出成果。基本上，人們都會依過去的成績來期待他人，就算現在表現普通，只要過去的業績優秀，依然會產生正面的光環效應。

因此，如果自己具備某項證照或資格，最好積極的寫在名片上，或是用口頭展現。舉例來說，保險規畫師是「FP檢定一級」（按：Certified Skilled Professional of Financial Planning，日本國家資格考試），管理顧問則是「中小企業診斷士」（按：Rogistered Management Consultant，日本國家資格考試）。

另外，權威人士的推薦信也能加分，或是你販賣的商品曾被某位名人熱烈推薦等。例如，日本知名女星澤尻英龍華，曾在自己的Instagram上，表示自己正在使用ReFa CARAT美容儀，由於她擁有龐大的粉絲群，也讓該產品瞬間知名度大增。

只是因為名人也在用，就能讓人感覺安心，認為產品沒問題。所以，如果有類似的推薦或使用感想，一定要積極的告知顧客。

8 不要過度自我吹捧——敵意歸因偏誤

有時候，你不經意的一些舉動，卻被對方視為帶有惡意，這就是敵意歸因偏誤（hostile attribution bias）的影響。最容易理解的例子就是「路怒症」，例如你原本行駛在右車道，想要切到左車道，但左車道的後方二十公尺處，有一輛車正在行駛，結果那輛車的駕駛卻以為你在逼車。也就是說，他將你變換車道的行為，視為惡意挑釁，於是憤怒的決定以牙還牙。

還有一個常見的例子，就是已婚朋友隨口提問：「為什麼還不結婚？」這也很容易引發敵意歸因偏誤。如果你正好未婚，又聽到朋友這樣詢問，心裡可能會不太高興：「她是在炫耀嗎？」或許朋友根本沒有那個意思，但聽在你耳裡卻帶著惡意。

敵意歸因偏誤，其實是人類與生俱來的本能。在久遠的原始時代，人類與其他動物或部落的生存競爭非常激烈，必須時刻對外保持敵意，才能提高生存機率。

如果看到其他部落的人舉起弓箭朝向自己，卻還天真的以為對方只是想打獵而已，只會死得很悽慘。此時，如果大腦能迅速判斷對方要發動攻擊（敵意歸因偏誤），才能即時反擊或立刻逃走。

如何活用「敵意歸因偏誤」——別自我吹噓

原始人類就是靠著對敵人的警戒，才能成功的生存下來。這種本能也因此殘留至今。

想在銷售中運用這個心理偏誤，重點其實在於該如何避免引發，而不是使用它。有一種行為最容易引起敵意歸因偏誤，就是自我吹噓。

特別是業務員，絕對要極力避免。從心理學方面解釋，自我吹噓就是在言語中抬高自己，以獲得尊敬。例如：「主管昨天居然跟我說：『要是沒有你，這次的企劃一定不會成功。』真是讓我不好意思！」

如果對方會真心為你感到高興，例如家人，自然沒有任何問題。但大多數人只會覺得「這傢伙老是在誇自己，好煩」。與顧客談話時自我吹捧，很容易引發對方的敵意歸因偏誤，導致失去訂單，所以千萬不要這麼做。

此外，自我吹噓與提出實際成績完全不同。就像前面提到的，吹噓是在言語中抬高自己，以獲得尊敬；實際成績則是支持自我論點的證據。比方說，只是單純描述「我這個月創下了一千萬的業績」，就是自我吹噓，因為目的性太過明顯。

如果轉換成支持自我論點的方式，感覺就完全不同。例如，「銷售的品質雖然重要，但是也不能忽視數量（論點），我就是依循這種方法，在本月創下一千萬以上的業績（證據）。」這番話聽起來就完全沒有誇耀的感覺，反而很有說服力。

在銷售時，偶爾得說些類似自我吹噓的話，這時也不須退縮，只要不卑不亢、堂堂正正的展現成績即可。

9 稱讚對方加上求助——富蘭克林效應

富蘭克林效應（Benjamin Franklin Effect），是十八世紀美國開國元勛班傑明．富蘭克林（Benjamin Franklin）提出的心理法則。簡單來說，就是「人會對自己幫助的對象抱持好感」。

當時，賓州議會的A議員與富蘭克林關係不睦。富蘭克林希望能獲得對方的支持，但沒有刻意討好對方，反而是請求對方借他一本書。就因為這個契機，他反而成功的與A議員結為好友。從此之後，這個現象就被稱為「富蘭克林效應」。

再比如，當一位女性在海中溺水，這時恰好有位男士經過並救起她。此時，這位女性不僅會覺得該男士十分有魅力，救她的男性也會對女性萌生好感，十分有趣。那麼，為什麼會產生這種現象？

以結論而言，這是受到承諾與一致性原理的影響。

以先前的狀況為例，路過的男性救了溺水的女性，他的大腦便產生錯覺：「我之所以救她，一定是對她有好感。」

人類通常會想幫助自己喜歡的對象，也就是說，幫助的行為與好感有很強的關聯。於是，當自己出手相助之後，為了保持一致性，大腦就會萌生對對方的好感。

多問，多尋求幫助

運用這個心理法則最有效的做法，便是「不懂就問，別猶豫」。

銷售業界往往會要求業務員必須在工作上無所不知。但這種不合常理的標準，反而失去了獲取好感的絕佳機會，真的非常可惜。大多數的業務員也認為，如果在工作上有不懂的地方，很可能會因此失去顧客的信賴，所以往往會不懂裝懂。

比方說，我身為業務心理學的專家，萬一顧客問我：「你知道互惠原則嗎？」我卻從來沒聽過這個法則，這時如果我謊稱「當然知道」，一旦之後被識破，就會瞬間失去顧客的信任，更不用說獲得對方的好感。

所以，這時我反而會請教對方：「不好意思，這我倒第一次聽說，可以麻煩您跟我說說互惠原則，讓我參考一下嗎？」當我尋求對方的幫助，反而能成功獲取他們的好感。

身為專業人士，對於商品的相關知識，當然是了解得越多越好。不過，如果不巧遇到前述狀況，千萬別不懂裝懂，大方的向對方請教才是上策。

富蘭克林效應的有效公式：稱讚＋求助

或許有人會覺得：「要向對方求助？這對我來說有點困難。」的確，即便只是小事，但一想到要尋求別人幫忙，也會擔心對方覺得麻煩，更害怕自己因此被討厭。不過，只要利用一個公式，就能讓對方爽快的答應，那就是「稱讚對方的能力＋尋求幫助」。

這是我在為某家企業的食品拍攝微電影時發生的事。

由於我沒有攝影和拍片的經驗，絞盡腦汁也沒辦法拍好微電影。陷入困境的我，很快就把目光投向一起拍片的沉默攝影師，謙虛的向他請教。

「剛才我看了您拍攝的鏡頭，真的美不勝收（稱讚）！可以分享一下您的訣竅嗎（求助）？」接著，這位攝影師立刻熱心的向我傳授他的經驗。我甚至得寸進尺的請求他：「可不可以拍這支電影給我看看？」沒想到，他竟然爽快

富蘭克林效應

幫助他人，也會對對方產生好感。

的答應了。

不需要把請求幫忙當成壞事，只要想成這是獲得好感的戰略之一，或許就能鼓起勇氣、積極的請求別人協助了。

10 原來是自己人呀——內團體偏見

大家是否聽過以下這句話，「想要獲得信任，就要找出共通點」？其實，這和「內團體偏見」（In-group bias）息息相關。

舉例來說，當你去家庭餐廳吃飯時，剛好看到隔壁桌客人的錢包和自己的同款，即使你完全不認識對方，也會對他抱持親切感。這種偏袒自己所屬團體成員的心理傾向，就是內團體偏見。

此外，像是女性批評男性很粗魯，男性則批評女性太過情緒化。如果站在女性的立場，會傾向於偏坦自己團體內部的人（女性們），而對自己團體外的人（男性們）抱持偏見，賦予他們較低的評價。

善用共通點的優勢──自己人好說話

在取得信任方面，共通點有一個其他技巧欠缺的優勢，就是「即效性」。換句話說，只要能發現彼此的共通點，就能立刻拉近與對方的距離。

與各位分享我的親身體驗。我在高中時，曾經參加空手道社。空手道分很多流派，我所屬的社團是其中的和道流（按：空手道四大流派之一，由武術家大塚博紀所創）。

某天，我和老客戶介紹的某位顧客相約見面，沒想到對方高中時也學過空手道，連流派都跟我一樣是和道流。我們當下便開始聊起空手道的各種趣事，不到三分鐘，彼此就變得很熱絡。

不只如此，甚至在我提起自家產品之前，他就主動告訴我：「如果是你的話，我願意購買你們的商品。」最後當然順利成交。令人吃驚的是，整個過程只花了五十分鐘左右。若是以往，再快也得花上九十分鐘。所以，大家明白共通點的優勢有多麼強大了吧！

人們通常會偏袒同職業，但律師除外

接著再介紹一個有趣的實驗。研究者請每位實驗對象，分別針對醫師、律師、服務生及美容師評分，分數從一到一百，而實驗對象本身的職業，也包含在這四種之內。

實驗結果是，醫師、服務生和美容師，只給了職業與自己不同的人五十分左右，但如果是職業與自己一樣的人，給分卻高達七十分左右。也就是說，他們都偏袒了內團體的人。

接下來的發展更有趣，其中唯有律師例外。無論對方同樣是律師，或是職業不同的人，律師給的分數都只有五十分左右。

為什麼會出現這種現象？原因在於，律師經常與另一位律師處在對立的關係。這也代表，站在他們的角度，另一位律師雖然與自己職業相同、屬於內團體，但對立的關係又讓他們變成外團體。因此，律師才會給外團體的其他律師打低分。

如何活用內團體偏見——四步驟活用共通點

銷售產品時，要盡可能發掘與顧客之間的共通點。有四個活用的方法：事前調查、找出共通要素、將要素抽象化、挖掘不同之處，以下逐一解說。

事前調查

如果是透過別人介紹，可以請介紹人透露對方的社群媒體帳號，然後私底下調查對方的個人資訊、喜好，看看是否與自己有共通點。如果有的話，可以在見面時拋出相關話題。

假設對方的興趣是觀賞電影，這時你可以說「我喜歡看電影，您假日都做什麼消遣呢？」對方一定會激動的回答：「我也喜歡看電影！」這樣便能刺激他的內團體偏見，下意識的對你萌生好感。

找出共通要素

以下兩個方法，能幫助大家當場找出與對方的共通點。

找出共通要素，就是找到你和對方的相似之處。簡單來說，類似「雖稱不上是共通點，但是有共通的要素」。例如，對方曾在中學時期參加足球社，但你參加的是籃球社，乍看之下彼此毫不相關。但是，只要找出兩者的共通要素，自然會產生共通點。

像是足球社和籃球社的共通要素有「流汗、不停奔跑、球技、訓練很嚴格」等。找到之後，可以告訴對方：「我們籃球社的訓練很操，足球社應該也是一樣吧？」這樣一來，就能讓共通要素衍生出相同的效果。

將要素抽象化

例如，當你得知對方的興趣是彈吉他，但是你這輩子根本碰都沒碰過吉他的話，該怎麼辦？當然，你可以透過別的問題找出共通點，但會浪費掉這次的機會。

這時可以將要素抽象化，也就是將對方的資訊抽象化，轉換成概念的型態。例如，「吉他（具體）→音樂（抽象）」。假設你很喜歡音樂，便可以告訴對方：「你會彈吉他？我很喜歡音樂，所以很羨慕會彈奏樂器的人！」藉此讓自己順利進入對方的內團體。

挖掘不同之處

如果前面的方法都用過了，依然找不到任何共通點，最後還有一個方法：找出不同之處，再針對這方面提問。

例如，我高中時練過空手道，你卻沒有半點格鬥技的相關經驗，你就可以針對我的經歷向下探詢：「我完全沒接觸過格鬥技，空手道是什麼樣的武術？感覺好像有點可怕……。」

這時，對方（我）一定會很開心的告訴你。當別人對自己的經驗感興趣時，每個人都會湧現分享欲。

接著，可以善用第七十五頁介紹的「無限循環說話法」，深入探詢話題，過程中如果找到了共通點，或者找到機會運用前面提到的兩個方法，便能以此為突破口，成功獲取對方的好感。

簡單來說，就是向對方提問，找出共通點；或是運用前述的兩個方法找出共通要素，再發展成共通點。若怎麼提問都找不到的話，那就找出不同之處，再藉此往下深挖，最終找到彼此的共通之處。

共通點可以刺激對方的內團體偏見，是獲取好感最重要的技巧之一，請務必熟習並善用這些方法。

11 別用負面詞彙——框架效應

我非常喜歡搞笑組合「Knights」，不知道大家是否認識他們？「Knights」是由塙宣之（裝傻）和土屋伸之（吐槽）兩位搞笑藝人組成，他們的表演形式以漫才（按：類於於雙人脫口秀）為主，大都在淺草活動。

他們的很多段子及梗，都是運用「框架效應」（Framing effects）引人發笑，以下引用其中一部分內容。

塙：「說到今年掀起流行的戲劇，不用說，絕對是《半澤直樹》吧？聽說它的最高收視率有四二．二％，這也太嚇人了，這就代表有五七．

八%的人沒在看耶！」

土屋：「哪有人這樣說的啦！」

大家知不知道什麼地方運用了框架效應？就是收視率那一段。一般都會認為，「收視率四二．二看」完全沒有什麼搞笑的成分，但塙宣之反過來強調「五七．八%的人沒在看」，就引人發笑了。

我想告訴大家的是，「收視率四二．二%」和「五七．八%的人沒在看」其實是同一件事，只是轉換了說明的角度，就變成了搞笑的段子。市面上出版了許多關於表達方式的書籍，但「Knights」的這個段子，直接讓人明白表達方式有多重要。

即便是同一件事，如果改變了表達的方式，就會改變賦予的印象，這就是框架效應。

負面詞彙也會影響專業判斷

曾經有個實驗是以醫生為對象，內容是調查當醫生須在放射線治療和手術等，兩種肺癌治療方案擇一時，會有多少比例選擇手術。實驗的前提是，透過手術治療的病患，五年後的存活率較高，但短期內的危險性比放射線治療高。

研究者把醫生分成兩組，再用不同的方式呈現手術相關資訊，最後提交給醫生們。具體來說，一組提供的是存活率，另一組則是死亡率。

- 術後一個月的存活率為九〇%。
- 術後一個月的死亡率為一〇%。

這裡的重點在於，兩方接收到的資訊完全相同，只是表達方式不同。接著，再調查兩組醫生選擇手術的比例有多少。

實驗的結果是，告知「術後一個月的存活率為九〇%」的那組醫生，有八四%選擇手術；告知「術後一個月的死亡率為一〇%」的那組，只有五〇%選擇手術。

一般會認為，即便表現方式不同，但最終結果還是一樣，比例上應該差異不大。但實驗結果並非如此，原因在於死亡率的表現方法，會讓人對手術產生負面印象。由此可知，表現方式不同，所產生的影響力差距會有多大。

避免使用負面詞彙

先說結論，就是採用的表達方式，要盡可能不讓對方產生負面印象。

你是否頻繁使用「討厭」這種表達方式？如果是的話，這對於獲得對方的好感，是十分可惜的。因為討厭的表現方式，只會賦予對方負面印象。

比方說，你告訴顧客：「我討厭這塊蛋糕。」顧客的大腦會直接接收到「討厭」訊息，進而厭惡你。想像一下就很容易理解，一個人說「我討厭這塊蛋糕」，而另一個人則說「我不太喜歡這塊蛋糕」，誰會讓人覺得個性更好？我想大多數人一定覺得是後者。

從上述例子，就可知道負面詞彙，會在獲取他人好感時，形成負面影響。但是，有些時候依然必須用負面方式來表達。就像前面「討厭」的例子，假設你從以前就很討厭蛋糕，但偏偏顧客大力推薦蛋糕給你，這時應該如何回應才好？

簡單來說，可以套用「正面＋否定」的方程式。由於人類的大腦無法理解否定詞，只要使用這個方程式，大腦便不會留下負面印象。以下舉幾個具體的例子。

・討厭↓不喜歡。
・骯髒↓不乾淨。
・肥胖↓不瘦。
・厭煩↓不愉快。
・土氣↓不時尚。

如何？利用前述的方程式，負面詞彙帶給人的印象，是不是就截然不同了？建議平時在對話中多留心使用的詞彙，再利用這個方程式，轉換為更有利的表現方式！

下一章，將會解說傾聽顧客需求時，不可或缺的「SPIN說話法」框架。這是在「SPIN」框架之上加入心理法則的傾聽技巧。就如序章提過的，傾聽是蒐集資訊的手段，也是銷售程序中非常重要的一環。

第 3 章

你這樣說，他願意聽

1 SPIN心理說話法

從本章開始，將會為讀者說明傾聽的框架「SPIN」。或許有些人聽到SPIN心理說話法，會覺得艱澀難懂。但是，如果能謹記前述的傾聽定義，其實一點也不難。

首先，SPIN心理說話法會透過「S→P→I→N」的順序提出四個問題，藉此了解顧客的現狀、理想及課題。這四個問題如下：

①情境性問題（Situation）。
②探索性問題（Problem）。

③暗示性問題（Implication）。

④解決性問題（Need-payoff）。

簡化前述問題後，就是以下四種提問：

①現在的狀況或理想是什麼？

②課題是什麼？

③不改善的話，是否有危險？

④要不要解決？

只要記得SPIN心理說話法，大略是這些問題即可，後續將會解說每個步驟的內容及重點。

2 怎麼問出對方的煩惱——情境性問題

SPIN心理說話法的起始是情境性問題，從它的英文「Situation」可知，這是用以確認當下情況及狀態的。不過，我建議除了現狀之外，最好還能加上「理想」。

如前所述，銷售是為顧客提出解決問題的方案（填補現實與理想之間的落差）的工作，因此得先了解顧客的現狀和理想，才能知道提供何種商品及服務才適合。

因此，首先要詢問對方現在的狀況（現狀），以及想達成什麼目標（理想）。簡單的範例如下：

「我想請問您幾個問題，您現在處於什麼樣的狀況？」
「我明白了，那您的理想大概是什麼狀態？」

四個法則引導對方說出現狀及理想

情境性問題本身很簡單，只要利用四個法則，便能順利引出想要的答案，包括：現狀或理想，從哪一方開始提問皆可；預先鋪陳；具體化；延伸到人際關係，以下一一說明。

法則一：現狀或理想，從哪一方開始提問皆可

無論是從現狀或理想，何者開始提問都無妨。不過，我會盡可能先問對方的理想，因為要是一開頭就詢問現狀，比較容易讓對方萌生負面情緒。

例如，當我推薦銷售諮詢時，若是一開始就詢問客戶：「您現在的業績是多少？」對方很可能馬上就得分享難以啟齒的狀況。換句話說，現狀大都是不想主動暴露的資訊，感覺就像私人健身教練突然問你：「你現在的體重是多少？」所以在詢問情境性問題時，我通常會先問對方：「你希望的理想業績是多少？」之後才會詢問目前的狀況。

不過，依據職業或領域不同，有時候可能必須先了解現狀，才有辦法傾聽對方的理想。所以不須太介意這個步驟，只要在提問前做好心理準備即可。

法則二：預先鋪陳

詢問情境性問題時，一定要預先鋪陳，事先告知對方。如果忽略這一點，突然提出問題，很可能會引發客戶的反感。具體範例如下：「我想請問您幾個問題，您現在的狀況（或理想）如何？」

這裡再借用私人教練的例子。如果一個陌生的私人教練，唐突的問你：

「你現在體重多少？」一定會讓人覺得個人隱私遭到侵犯，進而對這位教練抱持負面感受。尤其是有關現狀或理想的問題，往往非常隱私。如果不事先鋪陳、告知，很可能會造成對方的不快。

因此，在詢問情境性問題前，一定要預先鋪陳好。

法則三：具體化

就是利用數字，具體描述顧客的現狀和理想。如果不落實為具體的數字，就會淪為抽象，也無法提出適當的方案。

舉例來說，如果顧客這樣回答自己的現狀和理想，應該要怎麼提案？

・理想：想變瘦。

・現狀：太胖了。

過於抽象的現狀和理想，根本無法釐清其中的落差。顧客到底是想瘦五公斤、還是二十公斤？這都會影響我方提案的方式（當然，如果是體重的話，可以大致從外表判斷）。

因此，如果想了解顧客的狀況和理想，最好使用能獲得具體數字的方式提問，例如：「冒昧的請問您，現在的體重是？」、「具體來說，您想減去多少公斤？」

法則四：延伸到人際關係

在了解顧客的現狀和理想時，一定要深入探詢對方的人際關係。這部分完全是To C（對消費者）的內容，以企業為主要客戶的讀者可以跳過。

為什麼要探詢對方的人際關係？因為人們所有的煩惱（或幸福）都來自人際關係，這是創立個體心理學的奧地利心理學家阿德勒（Alfred Adler）提出的概念。或許會有人覺得這種主張太誇張，但其實並非如此，我們看以下的例子就會了解。

・健康的煩惱→「皮膚狀況好糟糕，一定會被〇〇討厭。」
・目標的煩惱→「不想輸給同時進公司的〇〇。」
・金錢的煩惱→「跟同年齡的朋友相比，自己好窮喔，好丟臉。」

由此可知，我們絕大多數的煩惱，最後都會回歸到人際關係。在了解顧客的現狀和理想時，如果能深入探討這個部分，那麼對顧客來說，你就會變得很特別。

這是因為站在顧客的立場，已經能放心與你分享「平常不敢告訴別人的祕密」。這是受到之前提過的自我揭露，引發承諾與一致性原理所影響。

那麼，如何才能讓對方願意分享人際關係上的煩惱？總結來說，只要針對對方的現狀和理想，詢問「為什麼」即可。

例如，顧客的理想是賺到一百萬，這時便可詢問對方：「為什麼想賺到一百萬？」然後，就會引出對方在人際關係方面的回答，「因為沒錢，被女友甩了」等。

另外，我在推薦銷售諮詢時，一定會詢問下面這類問題：「您方便告訴我，您為什麼希望每個月業績能提高○萬元嗎？當然，如果不想說也無妨。」每當我這樣詢問，都會得到「不想輸給同事」、「孩子快出生了」，或是「想受到女性歡迎」等人際關係上的答案。

要謹記的是，想獲得人際關係方面的資訊，必須完成銷售程序中「取得信任」的步驟。如果顧客還沒有那麼信任你，就提出這種問題，只會讓對方覺得「為什麼要告訴你」，進而萌生不滿的情緒。所以，傾聽的前提，是先取得對方的信任，這一點務必謹記在心。

3 然後提出解決方案——探索性問題

接著，是SPIN當中的「P」（Problem），也就是探索性問題。

利用情境性問題（S）了解顧客的現狀和理想後，接下來就是用探索性問題（P）引出課題。

只要完成情境性問題和探索性問題，就稱得上是完成八〇%的傾聽了。理由大家已經知道，因為銷售就是為顧客提出解決問題的方案，填補現實與理想之間的落差。

接著就是透過探索性問題，盡可能引出顧客所有的課題。對方背負的課題越多，購買商品的急迫性就越高，大大影響現場簽約的可能。舉例來說，我曾經遇到一位顧客，就抱持以下這些課題。

・無法與客戶建立信賴關係。
・不知道傾聽時能做些什麼。
・太過緊張，導致交易失敗。

顧客背負的課題越多，越會覺得「這樣下去不行」。雖然篇幅有限、沒辦法說明得太詳細，但這是利用了可得性偏差（Availability Bias）這項人性思維。數量越多時，人就會判斷為急迫性越高。所以，請盡可能的引出顧客背負的課題。

引出課題的方法很簡單，只要詢問以下這類問題即可：「（得知顧客的現狀和理想後）那麼，為了讓現狀A變成理想B，希望您盡可能舉出三項課題，您有沒有什麼想法？」

這裡的重點是盡可能舉出三項。在提問時指定課題的數量，顧客就會努力找出複數的課題。有些業務員會問顧客：「您現在有什麼想解決的課題嗎？」這種問法實在太可惜了，顧客一聽到這個問題，會認為只要想出一個就好，就不會嘗試找出更多課題。

當然，之後依然可以追問對方：「還有其他課題嗎？」但這會增加提問的次數，一不小心反而會顯得咄咄逼人。因此，最好還是採用前面提到的方式來提問。

兩個法則順利引出課題（P）

只要運用兩個法則，就可以順利引導顧客說出課題：讓課題清晰可見、降低課題的標準，以下分別說明。

法則一、讓課題清晰可見

問出顧客的課題後，請寫在紙張和筆記本上（手機記事本也可以），並請顧客再次確認。這個動作可以強化對方的課題意識。別只是口頭複誦：「您的課題是A、B和C。」而是動筆在紙上寫下、讓對方確認，這會讓對方的印象更強烈、更深刻。

在銷售方面也是，記錄顧客的資訊，之後再拿出來提醒對方，他們就會重新想起：「原來我有這些課題啊……。」便可再次加強課題意識。

我的做法是，傾聽時直接在詢問表上寫下課題，等到傾聽過程結束，再請顧客確認。

法則二、降低課題的標準

如果直接詢問顧客「你有沒有什麼想解決的課題」，其實很難引出確切答案。因為對顧客來說，課題或煩惱的說法有些太嚴重了。他們聽到「有沒有課題」時，只會覺得「我的問題還不到課題（或煩惱）那麼嚴重，所以應該沒有」，最後什麼都問不出來。

原本想引出更多內容，結果反而讓他們不敢傾訴，這對業務員來說簡直是錯失大好機會。因此，想要引導顧客說出來，就必須降低課題的門檻。那麼，具體上該怎麼做才好？

結論就是，在提問之前加上這樣的鋪墊：「再小的事情也沒關係喔。」這樣一來，便能大大降低門檻，引出更多課題。

只要花一點巧思，結果就會出現非常大的變化，所以請務必記得，在提問前加上這句鋪墊。

4 戳戳對方痛處——暗示性問題

接下來，是SPIN當中的「I」（Implication），也就是暗示性問題。

藉由情境性問題（S）問出現狀和理想，再透過探索性問題（P）引出課題後，就要進入暗示性問題（I）的階段。順帶一提，「Implication」意指言外之意或暗示。

暗示性問題是為了讓顧客感受到解決課題的必要，因此也可以稱為「戳到對方痛處的問題」。具體的提問方式可以參照下面的例子：「您覺得按照目前的情況，有辦法達到您的理想狀態嗎？」

暗示性問題的目的，是強化顧客的購買動機。換句話說，要藉由這個提問，讓顧客萌生危機感：「再這樣下去，可能會很糟糕。」

暗示性問題還有另一個好處，就是可以利用第一章提到的承諾與一致性原理。提出暗示性問題後，取得客戶「這樣下去不行」的承諾，一致性就會引導顧客採取不矛盾的舉動——購買商品，進而提高簡報及簽約的成功率。

三個法則，掌握客戶的痛處（I）

以下這三個法則，就能讓對方感受到急迫性：預先鋪陳、強化信任、不須刻意勉強。

法則一：預先鋪陳

和情境性問題一樣，暗示性問題也須預先鋪陳。因為暗示性問題會戳到對方的痛處，如果太直接，很可能引發客戶反感。要避免這種狀況，可以參考以下的例子：「為了理解實際情況，我會向每位顧客確認這個問題，您覺得按照目前的狀況，您能達到自己的理想嗎？」

這樣一來，顧客就會了解「不是只有他被這麼問」，同時也明白之所以會問這些問題，不是為了責備他們。其他還有比較老套的說法，例如「我真的很想改變您的人生，所以冒昧的問您這個問題……」，這種有決心挑戰、解決問題的態度，有時會出現驚人效果，推薦給大家。

法則二：強化信任

如果彼此的信任度不夠，暗示性問題就會讓對方產生極大的反感。原因就像前面提到的，這類問題會戳到對方的痛點。說得具體一點，當信任還不穩固時，就問暗示性問題，只會讓對方反感「我為什麼要告訴你」。

這一點通用於所有商談技巧，但是商談技巧只是單純的技術，對成交率不會有太大的影響。關鍵在於進入商談之前的程序，唯有這些程序完備了，才能發揮效果。

求婚就是很好的例子。

如果有一位戀愛諮商專家告訴客戶：「求婚時，只要拚命的告訴對方『我愛你』，對方就一定會答應。」還說這是必勝的戀愛技巧，我想這種戀愛專家絕對不及格。因為，重點不在於最後的求婚，而是之前的交往過程。是不是努力了解對方，在對方困難的時候是否全力相助，會不會給對方驚喜等。

如果什麼都沒做，只是嘴上拚命說「愛」，求婚的成功率基本就是零。因此，提出暗示性問題前，一定要記得深化、穩固彼此的信任。

法則三：不須刻意勉強

如果顧客的購買意願已經足夠強烈，就不必刻意詢問暗示性問題。說到底，這類問題本來就是用來強化顧客的購買動機。

例如，當某位顧客已經表示「我看到你們的健身房廣告了，現在就想報名加入」，這時就不必特地提高他的購買動機。況且，暗示性問題本身很容易引發反感，非必要時，不須刻意提出。

只不過，在絕大多數的場合，很少一開始就遇到顧客抱有強烈的購買意願，除了一些特別的狀況，因此建議還是在談話中加入暗示性問題。

再重申一次，暗示性問題是強化顧客購買動機的重要步驟。有些人或許不敢提問暗示性問題，但是為了幫助顧客解決問題、購買需要的商品，這個步驟非常重要。所以，不妨拿出勇氣、積極嘗試！

5 鼓勵他試試吧——解決性問題

最後是SPIN之中的「N」（Need-payoff），也就是解決性問題，目的是將顧客導向解決問題的簡報階段。

詢問完暗示性問題後，必須將行動移往下一步，也就是簡報。對業務員來說，簡報的導向率非常重要。如果顧客沒看過商品資訊，就無法進入購買階段，這也是理所當然。沒有人會在完全不了解商品的情況下，就掏錢購買。

那麼，怎麼做才能提高簡報的導向率？結論自然是利用以下的解決性問題：「如果您願意的話，請讓我協助您解決問題，您方便給我〇分鐘時間嗎？」聽起來雖然簡單，但這個問題十分重要。

運用解決性問題（N）時的兩個法則

運用解決性問題時，要掌握兩個法則：在表達方面下功夫、採取速決談判，以下一一說明。

法則一：在表達方面下功夫

只要稍微改變表達的方式，就能大大提升簡報的導向率。如果你之前採用的說法是：「您有興趣嗎？」、「您覺得如何？」、「您的想法是？」請馬上修正。因為這種說法只會對顧客造成心理上的壓力，讓他們覺得「要被推銷商品了」。

舉個例子，假設你有一位喜歡的女性，但是對方對你還沒有感覺。這時，你應該怎麼邀約她，才更有效果？

如果突然邀請對方「我們去約會吧」，只會讓女方嚇一跳，心想：「我為什麼要跟你約會？」進而造成某種心理壓力。如果換成：「哪天有空的話，一起喝個下午茶吧。」對方或許會想：「只是喝下午茶，應該沒問題。」邀約成功的機率，自然就提高很多。

表達的方式不同，造成的壓力也會完全不同。那麼，要怎麼說，才能提高簡報的導向率？重要關鍵詞有兩個，一個是「提供協助」，另一個是「給我○分鐘」。

首先，我們說明一下「提供協助」，只要使用這個關鍵詞，便能大幅提高簡報的導向率。請看以下的例子：

「如果您願意的話，請讓我提供您解決問題的方案，您方便給我○分鐘時間嗎？」

和前面第一五九頁對比，句子中的協助換成了方案。大家覺得這個問句如何？是不是聽到方案就心生防備，覺得對方要推銷商品了？如果是原來的協助，心理壓力就沒那麼大了吧。

接著，說明第二個關鍵詞「能請您給我〇分鐘嗎」。下面同樣藉由NG例句來對比，相信會更容易理解。

・NG例句：「如果可以的話，請讓我幫您解決問題，您對敝公司的服務有興趣嗎？」

聽到這種問題，顧客同樣會覺得，搞不好要被推銷商品了。畢竟，只要回答有興趣，接下來的話題就會朝著購買商品的方向推進。所以，顧客會對這種詢問感到很大的壓力。

以上說明了兩種表達方式，最重要的是持續思考「有沒有什麼說法，更不會造成對方的壓力」。希望大家不要只是把本書的內容囫圇吞棗，而是能自主的反覆驗證及嘗試，努力提升銷售能力。

法則二：採取速決談判

解決性問題結束後，要立刻進行速決談判。例如以下的句子：

「如果您也認同我說的內容，要不要現在就開始嘗試？」

就如第一章提到的，在速決談判前加上一些鋪墊，就會更容易得到顧客「YES」的答案。以下是之前推薦過的鋪墊：

「有件事想拜託大家……。」

「今天有限定折扣……。」

「希望大家現在就開始……。」

速決談判可以迅速讓顧客同意，在成交前封鎖「我再考慮一下」的選項，提高簽約的成功率。說得具體一點，利用速決談判封鎖顧客的「再考慮一下」後，顧客就只剩下買或不買兩個選擇，等於排除了銷售方最頭痛的回答。

以上就是關於SPIN說話法的說明。初次知道這種銷售法的讀者們，一定會覺得需要注意的地方太多，用起來有點困難吧？其實這也是當然的，畢竟現在才初次了解方法。

就像學生剛開始學習數學的聯立方程式時，都會覺得很困難一樣。等到不斷用這個方程式解數學題，就會越來越熟練，SPIN說話法也是一樣。

首先，建議在紙上寫出SPIN說話法來整理，再套用到自己的商品上，不斷練習運用！

下一章開始，將會解說簡報時可用的九個心理法則。

簡報，就是商品提案的階段。你是否曾經思考過什麼是簡報？了解蒐集資料時，需要注意什麼嗎？在這個階段，有很多可以活用的心理法則，只要熟練運用，就能大幅提升簽約率。

閱讀下一章時，如果發現了還不了解的心理法則，一定要追加在自己的筆記上，提升實力。

第 4 章

提高說服力的心理學

1 爛理由好過沒理由——賦予理由

賦予理由能強化自我主張，如果想讓對方最終接受自己的要求，這是非常重要的技巧。

說服時，如果只會用「我認為……才對！」、「我們就……吧！」，基本上無法打動對方。因為這些說詞缺乏理由和根據，讓人難以認同。

例如，我告訴你：「別因為一時興起就行動。」難道你就會因此決定，「好，我以後一定不會因一時興致高昂就貿然行動」嗎？除非是我的鐵粉，否則應該會疑惑：「咦？為什麼？」不聽從我的建議吧。

反過來說，只要賦予某種理由，人們就會輕易的採取行動，這稱作「自動性」（automaticity）。我們會下意識的，針對特定的訊息或主張尋求原因。因此，如果想打動對方，一定要給出相應的理由。

爛理由也勝過沒理由

美國哈佛大學的心理學教授艾倫·蘭格（Ellen Langer）曾進行著名的影印機實驗。實驗者會在一間設有影印機的辦公室裡，詢問排隊等待影印的人：「可以讓我先影印嗎？」請求方式有以下三種。

A：「可以讓我先影印嗎（無理由）？」

B：「我有點趕時間，可以讓我先影印嗎（有理由）？」

C：「我需要影印，可以讓我先影印嗎（說出意思不明確的理由）？」

然後，調查A、B、C三種請求方式中，實驗對象最後答應讓出影印機的比例各有多少。結論是，A：六〇％，B：九四％，C：九三％。

這個實驗的重點，就是只要賦予理由，就會提高同意的比例。我們同時也了解，即使理由像C那樣曖昧不明，但只要附加了理由，也照樣能提高同意的比例。只要仔細想想，就會發現「我需要影印」這個原因很不自然，但是比起毫無理由，它依然讓更多人點頭同意。

賦予理由非常有效果。因此，請盡量多使用「因此……」、「之所以會這麼說……」等接續詞。光是這樣，就能讓對方更容易接受你的主張。

用PREP法則，讓論點更有力

PREP法則是經典的表達框架，就是透過「結論（Point）→理由

（Reason）→舉例（Example）→重申論點（Point）」的順序表達。按照這個方式，就能讓自己的論點更簡潔、有說服力。

例如以下的對話：

結論：不要因為一時興起而行動。

理由：之所以會這麼說，是因為這樣會打亂行動的節奏。

舉例：比如，你原本每天都寫部落格，但某天突然想偷懶，停了一天，結果就再也找不回寫部落格的手感了。

重申論點：因此，不要因為一時興起而行動。

以下詳細說明實行PREP法則時，應注意的重點。

・結論

就是你想傳達的最終訊息。例如，以下的句子全都屬於結論：「不要一邊做事、一邊滑手機。」、「銷售是很難的事。」、「我認為心理學很重要。」

・理由

就是提出能強化論點的要素，參考句型是「之所以會這麼說，是因為……」。重點在於，理由必須與論點有因果關係。請看以下的句子：

結論：不要熬夜。

理由：之所以這麼說，是因為這樣會影響第二天的工作。

「熬夜→影響第二天的工作」，這樣的因果關係十分重要。

・舉例

目的是為了讓對方更容易理解自己的論點與理由，參考句型是「比方說……」。可以舉例的項目很多，以下介紹四種最容易運用的類型：一般、經驗、實驗、比較。

一般，是指大多數人都認同的例子。例如，「業務員須注重外表（結論），之所以這麼說，是因為人們會從外表評價一個人的內在（理由）。比方說，戴眼鏡的人會讓人覺得比較聰明，對吧？（舉例）」這就是大多數人都認同的一般範例。

經驗，指的則是自己或他人過去的體驗。舉例來說，「我嘗試了××，結果成功了」、「那個名人因為挑戰了○○，最後成功了」。這些都是很好用的例子。

至於實驗，先前艾倫・蘭格的影印機實驗，就是最好的範例。

再來是比較，通常會使用以下方式：「A是……，相比之下，B則是……。」例如：「洗碗盤時不要手洗，最好使用洗碗機（結論）。之所以這麼說，是因為這樣可以節省大量時間（理由）。比方說，手洗需要花○分鐘，相比之下，洗碗機只要花△分鐘（舉例）。」用這種方式比較，更能提高說服力。如果不擅長舉例的話，可以多參考先前的四個範例。

・重申論點

最後，重述一次最初的結論作為收尾。如果一開始的結論是「心理學很重要」，結尾只要再說一次「所以，心理學很重要」即可。

為什麼得複述結論？因為聽你說話的人，很可能已經忘記你提出的論點，就像我們有時候話說到一半，也會突然忘記：「咦？我剛才原本要說什麼？」

這經常發生在我們繞了一圈說明理由和舉例之後。也就是說，在我們說明的過程中，一開始的論點被遺忘了。因此，為了讓對方再次想起我們的論點，最後要再重述一次。

ＰＲＥＰ法則的具體範例

最後提供幾則範例，是我的客戶運用ＰＲＥＰ法則所寫的，請大家務必在需要時參考。

【ＰＲＥＰ法則範例①】

結論：業務員必須認真傾聽顧客的需求。

理由：之所以這麼說，是因為這樣更容易提案商品。

舉例：比方說，當你告訴醫生自己肚子痛，醫生卻連診斷都沒有，就說「吃這個藥吧」，你會有什麼感覺？一定會覺得：「等一下，你現在連我為什麼肚子痛都不知道，就要我吃藥？」就像這樣，認真傾聽，再提案商品和服務，就是業務員的工作。

重申論點：所以，業務員必須認真傾聽顧客的需求。

【PREP法則範例②】

結論：想增肌的話，就要多喝高蛋白粉。

理由：之所以這麼說，是因為這樣能有效攝取到肌肉合成所須的蛋白質。

舉例：比方說，為了攝取蛋白質，每天必須食用大量的肉類和魚類，這樣實在很辛苦。如果換成高蛋白粉，一餐只要喝一杯，就能確保足夠的蛋白質，非常有效率。

重申論點：所以，想增肌的話，就要多喝高蛋白粉。

【PREP法則的範例③】

結論：只要提出論點，一定要附上理由。

理由：之所以這麼說，是因為附上理由，可以提高說服力。

舉例：比方說，像艾倫．蘭格的影印機實驗……。
重申論點：所以，想要提出某個論點時，一定要附上理由。

2 故意被拒絕——以退為進法

以退為進法（door-in-the-Face），是先提出一個不合理的重大要求，待對方拒絕後，再提出一個較小的請求，對方會更容易接受第二項小要求。

簡單來說，重大要求是「假」，想達到的小請求才是「真」。只要把重大要求，當成是為了讓真正的請求（真目標）更容易接受的假要求即可。

比起一開始就提出真正的請求，若是先提出被拒絕的假要求，那麼對方同意真正請求的比例會更高。例如，你是個主管，想請部屬整理一份分量有點多的資料，交件日在後天。那麼，應該如何提出要求最好？請看下面的範例。

主管：「今天之內，可以整理好這份資料嗎（假要求）？」
部屬：「今天嗎？可能有點困難……。」
主管：「說得也是……這樣的話，後天可以嗎（真目標）？」
部屬：「後天就沒問題了！」

在前述例子中，重大要求是「今天之內整理完」，小的請求是「後天交件」。就像這樣，與其一開始就提出真正的請求，不妨先提出困難的假要求，更容易讓對方同意。

之所以有效，是因為利用了互惠性讓步的原理。互惠性讓步是指，當其中一方讓步，另一方也會萌生「自己也得讓步」的心理。它的運作機制，與第一章提到的互惠原理幾乎相同。

在部屬拒絕之後，主管讓步了、回答：「那麼，不用今天交也沒關係。」從部屬的角度來看，自己蒙受了主管的恩惠，心裡就會因拒絕對方而愧疚。

因此，當主管提出第二個請求：「後天可以嗎？」部屬便很難拒絕，因為會認為「主管都對我讓步了，我必須得答應這個請求（真目標）」。

得寸進尺是為了被拒絕

一九七五年，被譽為「影響力教父」的美國著名心理學家——羅伯特·席爾迪尼（Robert B. Cialdini），曾進行一項著名的實驗。

他以大學生為對象，請求他們：「是否可以帶少年犯到動物園，實行兩個小時左右的義務活動？」這時學生們同意的比例只有一七%。

後來，席爾迪尼博士在提出這個請求之前，先提出了一個更大的要求，直接讓原先的請求獲得同意的比例躍升將近三倍。這個要求就是：「可以為少年犯實行每週兩次、為期兩年的心理諮詢嗎？」提出這個要求後，學生轉而同意原先請求的比例躍升到五一％。也就是說，比起直接提出真正的請求，先讓對方拒絕假要求，再提出真目標，可以提高同意的比例。

透過這個實驗可知，只要先提出重大要求讓對方拒絕，再提出真正的小請求，對方就會更容易接受。

以退為進法，分寸要拿捏

使用以退為進法時，大致上有四個重點：不能太頻繁、一開始的要求不能太離譜、一開始的要求和接下來的請求不能間隔太久、多用數字，以下一一說明。

不能太頻繁

以退為進法非常有效，但是從另一面來說，它也是帶給對方罪惡感的負面技巧。因此，如果太常使用，對方就會不愉快：「這個人總是強人所難，又厚臉皮。」

每次接觸時，以一次（最多兩次）為限。不過，要是每次都這麼做，對方也會感受到壓力，導致不想再和你見面。所以，以退為進法最好運用在真正關鍵的時刻。

一開始的要求不能太離譜

接著是關於以退為進法的假要求。如果要求得太過分，很可能會讓人覺得不舒服。由於對方不知道這是假要求，要是一開始提的請求太離譜，只會讓對方瞬間厭惡你。

比如，明明今天根本不可能完成，卻要求下班前全部整理好，對方只會覺得：「怎麼可能，這個人有病嗎？」這麼一來，也沒有機會再提出真正的請求了。因此請大家謹記，假要求只需要比真目標稍微誇張一點就好。

一開始的要求和接下來的請求不能間隔太久

再者，提出假要求和真目標的時間，不要間隔太久。拒絕假要求後產生的愧疚感是有保存期限的。前面曾提過，人的情緒會隨著時間遞減。換句話說，如果不在對方罪惡感最強烈的當下，提出真正的請求，很可能得不到對方的回應。所以，最好在假要求被拒絕後，立刻提出真目標。

多用數字

最後，以退為進法和數字十分搭配，如果懂得善用數字，對方會更容易感受到假要求和真目標之間的落差。

例如，先請求對方：「可以借我三萬元嗎？」當對方拒絕後，再說：「那借一萬元呢？」這時候的效果就比不上一開始要求對方：「可以借我五萬嗎？」之後再說：「那一萬呢？」這樣對方同意的機率會更高。

我的意思是，四萬元的落差會比兩萬元，更能讓對方願意借錢。不過，這裡千萬謹記「假要求不能太離譜」。如果一開始就獅子大開口：「可以借我二十萬嗎？」反而可能失去對方的信任。

如何活用以退為進——先推最貴的方案

在提案商品時，建議先從規格較高的方案開始。

高規格的方案基本上是讓對方拒絕的。例如，如果是保險規畫，可以像以下這樣，事先預備三種方案。

・每月保費三萬元（假要求）。
・每月保費兩萬元（真目標）。
・每月保費一萬元。

一開頭，先提出保費三萬元的方案讓顧客回絕，接著再提出兩萬元的方案，顧客同意的機率就會大增。如前所述，重點是假要求方案絕對不能太離譜，否則一定會失去顧客的信任。

千萬不能讓顧客覺得：「這個人只想要錢吧？」、「他有聽我說話嗎？」假要求的標準，要以顧客稍微勉強一點，還是可以負擔的狀況為目標。

3 先讓對方答應小要求——得寸進尺法

「得寸進尺法」（foot-in-the-door），剛好和前面介紹的以退為進法相反，是讓對方先答應小要求，接著便會自然的接受大要求。

這個方法和以退為進法一樣，也有假要求和真目標，以下用實例說明。假設，我們想讓男士買名牌包給自己，於是使用得寸進尺法。對話順序如下：

「買冰淇淋給我！」（假要求）。

←（答應）

「好想吃壽司喔！」（假要求）。

←（答應）

「好想要新衣服喔！」（假要求）

←（答應）

「好想要包包喔！」（真目標）

←（答應）

當然，先不提現實之中是否會這麼順利，但比起一開始直接提出真目標，如果先讓對方答應數個假要求的話，對方接受真目標的機率就會提高。那麼，為什麼會發生這種現象？

從結論來說，這是基於承諾與一致性原理。

以先前的狀況為例，當對方買了冰淇淋後，就更容易答應請客吃壽司，再來就是買衣服。也就是說，對方的大腦已經進入願意出錢的狀態：「都買A了，不買B也說不過去。」

由於先前已經承諾了許多與真目標相關的要求，因此最終便容易接受真目標的請求。如果想要提高真目標的同意機率，就從小要求開始，一步步突破！

使用得寸進尺法，注意別太心急

得寸進尺法必須從小要求逐漸遞進。就像是爬很窄的階梯，只能用微小的步伐，一步步朝著目標前進。

但是，這種做法非常有效，理想狀況是在到達真目標前，盡可能讓對方答應各種假要求，以提高同意的機率。對方給的承諾越多，越會加強一致性，因此要在一定程度上增加假要求的數量。

首先，在邁入簽約階段前，請先清楚寫出「承諾步驟表」。具體的方式如下：

①請對方給自己五分鐘（目的：簡單的傾聽）。

②請對方給自己三十分鐘（目的：詳細的傾聽）。

③請對方聆聽自己提案（目的：簡報&成交）。

製作承諾步驟表，是為了更靈活的運用得寸進尺法的影響力。此外，也能明確的知道每個接觸階段應該做什麼。

舉例來說，「請對方給自己五分鐘」的階段，能做的事只有兩件：一是簡單的傾聽顧客的現狀、理想和課題，另一個是請對方下次給自己三十分鐘。

清楚寫出步驟，便更容易落實在具體的行動中。業績差的業務員，總是想要用最少的步驟，直接引導顧客到簽約階段。當然，以效率來說，能用最少的步驟成交固然好，如果你現在的方式能以最少的步驟成交，就不用勉強改變。

比方說，不必分兩次傾聽顧客的狀況便能成交，就沒有問題。但是，如果你用現在的方式卻總是拿不到合約，就要嘗試增加更多步驟。最後還須注意一點，就是增加步驟後，要縮短每次接觸的時間。要是每個步驟花的時間太長，顧客和你接觸時就會有壓力。

假設第一次花了一小時，第二次也花了一小時，第三次還是一小時，最後顧客就會不耐煩。最糟的狀況，就是失去簽約的機會。所以，盡量控制好時間，乾淨俐落的處理完事情。

4 說優點，也要說缺點——兩面提示

兩面提示，顧名思義就是同時告知優點和缺點的技巧。這個方法本身看起來和心理學毫無關係，但是否採用兩面提示，或者提示時先說優點或是缺點，都會大大影響對方的心理。只不過，有人可能會認為：「有必要特地告知對方缺點嗎？」

為什麼同時告知優、缺點會更好？簡單來說，告知缺點會讓顧客安心，進而贏得對方信任。下面以具體範例說明。

「雖然重量增加了（缺點），但性能也因此更優越（優點）。」

「或許有〇〇的副作用（缺點），但可以大幅減輕疼痛（優點）。」

「價格可能有點昂貴（缺點），但是A商店的義大利麵保證風味絕佳（優點）。」

為什麼兩面提示會有效？從片面提示的角度思考，就會更容易明白它的效果。片面提示就是只告知商品的優點，乍聽之下各位或許會覺得，單說優點也沒什麼不好。

但是，這樣一來有個缺點，就是當你缺乏信任的時候，聽起來很像吹噓。如果只說商品的優點，會讓對方懷疑：「從頭到尾只說好的地方，太奇怪了。」進而萌生不安及防備。

如果雙方已經建立足夠的信賴關係，片面提示自然沒問題。像是朋友與自己分享：「這個牌子的電池很耐用喔。」這時我們通常不會懷疑對方：「真的假的？」

相反的，如果才剛與某個業務員見面、信賴關係還很薄弱，對方就不斷說明商品的優點，結果會怎麼樣？除非他的公司是知名企業，我們對對方的業務員有基本信任，否則通常都不會採信吧？只會覺得對方：「畢竟是業務員，當然只會說好的地方。」

但如果同時告知優點和缺點，顧客便會認為：「他本來沒必要特別提商品的缺點，卻還是誠實告知，這個人應該可以相信。」進而贏得顧客信任。

提示的優、缺點最好相關

社會心理學家格德・博納（Gerd Bohner）曾做過一項實驗，他們為某家餐廳製作了以下三種類型的廣告。

①只宣傳優點（「這裡是個舒適、放鬆的好地方！」）。

②同時宣傳無關的優點和缺點（「店內氣氛舒適、放鬆，但是沒有專用停車場」）。

③同時宣傳相關的優點和缺點（「本店雖然面積很小，不過店內氣氛舒適、放鬆」）。

接著，再調查消費者對於哪一個廣告評價最高。

結果，運用了兩面提示手法的②和③，都成功提高了餐廳在消費者心中的信賴度。不過，這個實驗有趣的地方還在後面。當博納教授再比較②和③，發現讓餐廳評價提升最多的是③。這也代表，如果優點和缺點的關聯性越強，評價的提升比例也越高。

舉例來說，與其宣傳「這支智慧手錶造型簡單（外表），但非常耐用，不易損壞（性能）」，不如宣傳「這支智慧手錶雖然沒有防水功能（性能），但非常耐用，不易損壞（性能）」，才能充分發揮兩面提示的效果。

相較於前者，比較外表和性能兩種無關的要素，後者用相關的兩種性能相對比，更令人印象深刻。也就是說，後者優、缺點的關聯更強，能讓兩面提示的效果更大。

當然，從實驗結果來看，即使優點和缺點彼此沒有關聯，廣告效果依然比片面提示好。以我個人的觀點來說，其實不需要思考到這麼細節，只要知道有這種傾向即可。

如何活用兩面提示——先說壞，再說好

運用兩面提示時，一定要記得，必須採用「缺點→優點」的順序。

為什麼先說缺點比較好？這是因為近因效應的關係，人們更容易記住最後

的印象（請參見第一〇四頁）。

「雖然重量增加了，但性能也因此更優越。」

「或許有〇〇的副作用，但可以大幅減輕疼痛。」

「價格可能有點昂貴，但是A商店的義大利麵保證風味絕佳。」

如果用「優點→缺點」的順序來提示，反而會強化缺點的記憶，讓顧客對商品的印象變差。因此，使用兩面提示時，一定要先說缺點、再說優點。

5 大家都愛中庸選項——金髮女孩效應

「金髮女孩效應」（Goldilocks），就是銷售戰略中最常運用的「松竹梅法則」，不知道大家是否聽過？

在生活中的各個場景，經常可以看見這個心理法則，例如麥當勞的薯條就分為大、中、小三種。還有，吉野家的牛丼也分成中、大、特盛（按：指特大碗），定食套餐也有松、竹、梅之分。那麼，這三種分類的銷售額各是如何？據說，絕大多數的人都傾向選擇中間那個。

・順道一提，金髮女孩效應的名稱，是源自童話故事《三隻小熊》（按：*Goldilocks and the Three Bears*，描述有個金髮女孩不小心迷路，闖進三隻小熊的屋子，趁牠們不在時吃了食物，坐了椅子，還睡了床。她在過程中不斷挑剔，最終每樣都選擇中間選項）。因為故事的女主角名叫「Goldilocks」，又是金髮，所以名為「金髮女孩效應」。

會引發這個效應的因素有好幾個，當中影響最大的是損失規避，後續會在第二〇七頁詳細介紹，這裡簡單說明它的定義。

損失規避，顧名思義就是想要避免損失的心理傾向。比方說，明明打柏青哥一直輸，卻還是不斷投入硬幣，這就是源自想規避損失的心理。那麼，這種心理和金髮女孩效應又有什麼關聯？

大家不妨思考一下，如果只有以下兩個選擇，你會怎麼選？

- 高價的選項。
- 低價的選項。

這時，無論選擇哪一個都有缺點。高價選項是性能優越但價格昂貴；低價選項則是價格低廉但性能較差。換句話說，高價選項會讓我們損失金錢，低價選項會讓我們損失品質。基於損失規避的心理影響，我們有可能兩邊都不選。

那麼，如果選項改為以下三種，情況又會如何？

・高價的選項。
・中間價位的選項。
・低價的選項。

如此一來，情況就很明顯了，比起其他兩種價格，中間價位的選項最不會讓人覺得損失。無論從經濟層面或品質層面來看，損失都是最小的。這麼一來，各位應該就能理解，為什麼我們會下意識的選擇中間選項了。

選購何種商品並非絕對

接下來介紹一個一九八〇年代的古典實驗。首先，研究小組會要求實驗對象觀看單眼相機和卡式錄音機的宣傳目錄，目錄上印著產品說明、照片和價格。接著他們會請實驗對象，從中各選出一款最想要的單眼相機和卡式錄音機，再調查他們選擇哪一款產品。

實驗結果是，如果只有兩個選項，高價與低價的比例大約各占一半。但如果再加入更高價的選項，有三分之二的實驗對象會選擇中間價位的產品（也就是原本的高價選項），其餘最貴的產品和最便宜的產品各占一半。由此可知，比起兩個選項，對銷售更有利的是列出三個選項。

簡單來說，如果原本只有五萬元和三萬元的選項，購買率約是各占一半；但只要再加上七萬元的選項，就能提高五萬元選項被選中的機率。也就是說，商品被選中的機率並非絕對，而是相對的。

三個選項比五個好

重點在於，一定要為顧客準備三種選項。當然，如果公司提供的方案只有一種或兩種，就無法運用這個心理效應了。

不過，如果方案超過四種的話，最好整合成三種，效果最好。例如，現在有五種方案，可以整理成以下選項：

A（方案①、方案②）。

B（方案③、方案④）。

C（方案⑤）。

若顧客選擇B，再請對方從方案③和方案④中挑選一種。另外，像保險規畫師在試算分析產品時，最好可以製作三種方案，再向顧客提案。這種方式不僅會引發金髮女孩效應，也會同時引發先前提到的「以退為進法」（請參見第一七八頁）效果。

也就是說，先提出價格最高的方案，再將真目標作為中間選項提出，兩種心理效果雙管齊下，絕對能大大提升簽約率。

6 報價前，先提個更大數字——定錨效應

光從字面看，或許很難理解什麼是「定錨效應」（Anchoring effect，又稱錨定效應）。

舉例來說，最初扛五公斤的貨物，覺得很重；但如果最初先扛十公斤的貨物，那麼之後再換扛五公斤的，就會覺得很輕。這是大腦下意識的將最初的十公斤貨物作為標準，所產生的現象。因此，定錨效應是指大腦因為最開始的刺激，從而影響後續判斷的認知偏差。

不相干的資料，也會引發定錨效應

在此介紹美國行為經濟學家丹・艾瑞利（Dan Ariely）曾做過的有趣實驗。他先請實驗對象確認自己社會安全號碼的末兩碼，再拿出紅酒及巧克力，請他們估價。

結果是，末兩碼數字較大的實驗對象（九九或八八），比起末兩碼數字較小的人，在估價紅酒及巧克力時，價格會高出六〇％到一二〇％。

假設末兩碼數字較小的實驗對象，平均估價金額是一千元；那麼末兩碼數字較大的實驗對象，平均的估價金額則為一千六百元到兩千兩百元。

從這個實驗可以得知，即便先前的數字與後面的數字沒有直接關係，依然會受定錨效應影響。沒想到社會安全號碼對紅酒及巧克力的價格，影響這麼大，真的很有趣。

相信大家已經知道，銷售時活用定錨效應的方法，就是在提報商品的價格之前，先簡單的提出更大的數字。例如，你銷售的商品，價格是三十萬，就要在提報之前先報一個更大的數字。主要有下面四種方法：

- 競爭對手的價格。
- 平均市場價格。
- 高額方案。
- 其他數字。

那麼，我們來看看該如何在對話中使用這四個數字。

「這一款商品，競爭對手A開價四十萬元，我們只要三十萬元。」

「業界的平均價格是五十萬元，我們只要三十萬元。」

「最貴的方案是五十萬元，不過，建議您選擇三十萬元的方案就足夠了。」

「前陣子，我買了五十萬元的冰箱……。」

以上只是範例，請大家不要使用假數字！

關於第四個「其他數字」，是與你的商品無關的數字。就像先前提到的，前面的數字和後面的數字毫無關聯也沒問題。

因此，在與顧客建立信賴關係時，如果有餘裕，可以聊聊以下這類話題：「前陣子，我買了五十萬元的冰箱……。」但這比較難成為系統性的策略，只要在有餘裕時，再加進自己的銷售策略即可。

7 恐嚇對方——損失規避

先前在關於「稀有性原理」的章節之中，曾稍微提到損失規避（Loss Aversion），本節進一步詳細說明。想理解損失規避，大家可以想像一下打柏青哥時的情況。

不知道各位是否曾疑惑，為什麼有人會打柏青哥打到負債？沒玩過柏青哥的人，應該更覺得不解。

假設你坐在柏青哥機臺前，才打十五分鐘就輸了一千元。這時，我們往往會想投入更多的錢。這是因為損失規避的認知偏差，讓我們產生以下的心理：

「無論如何，都要贏回一千元損失！」

結果，之後反而會越陷越深，最後輸了一大筆錢。不只打柏青哥，許多沉迷賭博後負債累累的人，也有相同的情況。

還有，不懂得斷捨離、常囤積物品的人，一般認為也是受到損失規避的影響。他們之所以無法丟棄東西，是源自於對失去的恐懼。

由於損失規避的影響，他們會在潛意識中覺得：「我雖然得到了這個東西，但下次不知道何時才會再得到，所以不能失去。」由以上的例子可知，我們真的極端厭惡失去。

獲利大於損失，才覺得遊戲公平

這裡介紹一個關於損失規避的思考實驗。想像一下，你正準備玩扔硬幣的賭博遊戲。對你來說，下面哪一種條件的賭博方式，最有吸引力？

【賭法A】

・反面，失去一百美金。

・正面，獲得一百美金。

我想，大多數的人應該都不會覺得這種賭法有吸引力。因為擲出反面就失去一百美金的損失，會讓他們因害怕而卻步。那麼，如果改變一下賭法。

【賭法B】

・反面，失去一百美金。

・正面，獲得兩百美金。

若是換成B條件，或許多少會吸引一些人嘗試。不過，一定也有不少人不為所動。

從這個實驗可知，只有當獲利達到損失的一．五到二．五倍時，人們才會覺得這兩者同等價值，這稱作「損失規避倍率」。以這個賭博遊戲為例，除非獲利到達「一百五十美金至兩百五十美金」，才會吸引人來玩。由此可知，人們對損失有多麼敏感，並感到恐懼。

恐嚇文案更有效，但不能過度

利用的方法就是在談話中，將原本的獲利框架，替換為損失框架。這是之前提過的框架效應，也就是藉由不同的表達方式，來影響對方的判斷。比如，將「即刻行動，您會獲得〇〇〇！」，轉換成以下的表達方式：「再不行動，您會損失掉〇〇〇！」假設，你負責銷售化妝品，大多數業務員都是從「獲利」的角度推銷自己的產品。

【獲利框架】：「只要每天使用含有××成分的產品A，您一定能找回滑嫩彈力肌！」

當然這種說法也不錯，但是，如果換成損失的角度，印象會更深刻。

【損失框架】：「若您的肌膚長期缺乏××成分，肌膚就會逐漸失去彈力、加速老化。」

如何？從損失的角度出發，是不是更會讓人產生非買不可的急迫感？就像這樣，在銷售時，損失框架的效果，要比獲利框架更強烈。

不過，運用損失框架時，須注意一件事，就是必須謹慎、不能過度。

從負面的角度來說，損失框架的目的是挑起對方的不安情緒，但是當這類情緒超過極限，人們就想要逃離。也就是說，一旦損失框架使用過度，顧客就會想要馬上離開現場，同時也會察覺到業務員是故意挑起他的不安，好讓他購買商品。

因此，損失框架最好用在談判中最關鍵的時候，而且僅限一次。同時，不要武斷的表示絕對會損失，而是要暗示有這種可能。

先說獲利，再談損失

如前所述，過度使用損失框架的話，很可能反而引起顧客反感。以下就傳授大家，如何有效發揮損失框架的影響力。

關鍵在於獲利框架和損失框架的使用順序。總而言之，順序必須是「獲利框架→損失框架」，這樣可以最大程度的降低損失框架帶來的厭惡感。以先前提到的化妝品為例，可以採用以下表達方法。

【獲利框架→損失框架】

「只要每天使用含有××成分的產品A，您一定能找回滑嫩的彈力肌。換句話說，『如果不定期補充××成分，您的肌膚會逐漸失去彈力、加速老化』，因此，建議您盡早開始使用！」

在獲利框架後加入損失框架，既不讓人覺得不協調，也沒有刻意挑動不安的感覺，對方甚至可能會覺得，你提供了客觀的建議，因而產生好感。

如果一開始就丟出損失框架的說詞，只會引起對方的厭惡。因此，可以先用獲利框架試探，讓對方放下防備，之後再用損失框架揮出最後一擊！

8

提問題吊胃口——蔡加尼克效應

未完的故事最能吸引人們的注意力。舉例來說，電視連續劇基本上都會在最關鍵的時刻結束，讓觀眾急著想知道後續，才會一直追下去。節目中插入的廣告也是，想必大家都曾在看節目時，電視台突然插播廣告，讓你急得在心中大喊：「快播後面的劇情啊！」

還有，因為下星期要考試，學生很努力的背英文單字。在考試結束前，每個單字都記得清清楚楚。但是等到考試結束後，要不了多久，學生就把單字忘得一乾二淨了。

就像這樣，人類對於未完的事物會更有興趣或記憶深刻，總是放在心裡念念不忘。

沒有結束，最令人耿耿於懷

蔡加尼克效應（Zeigarnik Effect，也稱為蔡氏效應），名稱來自於蘇聯心理學家布盧瑪．蔡加尼克（Bluma Zeigarnik）所做關於記憶的實驗。首先，她把實驗對象分成兩組，分別進行數個簡單的作業。

第一組：把一個課題完成後，再開始下一個課題。

第二組：進行一個課題的中途，改做下一個課題。

等到處理完所有課題後，她詢問兩組實驗對象：「之前都做了哪些課題，課題內容是什麼？」結果，第二組所回想起來的課題內容，是第一組的將近兩倍。

要活用蔡加尼克效應，最好的方式就是加入問題。問題會引發每個人的興趣，讓人側耳傾聽。所以簡報時，一定要加入有趣的問答題。例如，我會在業務資料的最前面，用以下這個提問作為開場白：「您知道厲害的業務員，平均成交量是多少嗎？」

如果是業務員，一定會對這樣的問題感興趣。簡報的過程其實很無趣，說話者頂多只能吸引聽眾十分鐘的注意力，要是再缺乏變化，聽眾不到三分鐘就會膩了。

不過，要是在簡報中加入許多問題，就能持續吸引聽眾的注意力。如果希望顧客真正理解商品和服務的內容，這一點非常重要。順帶一提，我最少會在資料中加入三個問題，大致上是開場一個，中間兩個左右，結尾的部分不放。因為資料的最後，基本上是促進成交的階段。

三種問答題，類型各不同

這三種問題，就是數字問答、原因問答、暗示問答，以下分別說明。

數字問答

就是利用數字提出問題。比如，「銷售商品時，很常使用『五』這個數字，大家認為原因是什麼？」

原因問答

就是詢問某個現象的理由。例如：「為什麼大多數人都堅持不下去？」

蔡加尼克效應

對於未完的事件，像是無法立刻得知答案的問題等，
人們的興趣和記憶就會持續。

暗示問答

這是將關鍵詞「某件事」加在句子中詢問，比如：「只要做某件事，就能一口氣引起消費者的興趣，大家覺得是什麼事？」

只要活用這些問答題，便能一口氣激起對方的興趣。因此，請再次確認你的簡報資料，一邊思考要在開場白加入什麼提問。

9 使用前與使用後的比較——重量錯覺效應

重量錯覺效應（Charpentier effect），又稱作「夏蓬特錯覺」。或許聽起來有點陌生，其實這也是我們身邊潛藏的最強心理法則之一。假設有以下問題：

現在有「一公斤的棉花」和「一公斤的鐵製啞鈴」。哪一邊比較重？

你會怎麼回答？該不會是回答一公斤的鐵製啞鈴比較重吧！正確答案當然是一樣重。即便如此，還是會有部分的人回答一公斤的鐵製啞鈴比較重。因為他們受到鐵製啞鈴的視覺印象影響。

也就是說，他們被「鐵製啞鈴＝重」、「棉花＝輕」的視覺印象影響，即使題目告知同樣都是一公斤，依然會覺得啞鈴比較重。由此可知，視覺印象有多重要。

此外，大家應該都見過或聽過以下這句廣告詞：

「含有一百顆檸檬的維他命C！」

一看到這句文案，想必很多人會覺得：「裡面的維他命C好豐富啊！」因為「一百顆檸檬」賦予了很具體的想像。那麼，如果換成下面這句文案的話，又會如何？

「含有兩千毫克的維他命C！」

其實，這兩句廣告詞傳達的內容完全相同，一百顆檸檬的維他命C就等於兩千毫克的維他命C。但是相比之下，一百顆檸檬給人的印象更為直觀。就結果來說，視覺印象能大大影響購買率。原因前面曾多次提到，因為一百顆檸檬讓人更容易想像，感覺維他命C含量更多。

就像這樣，即便是同樣的訊息，只要換個表達方法，也會對接收訊息的人們產生不同的影響。某個部分與前面提到的框架效應效果非常相似。

如何活用重量錯覺效應——圖像與對比

下面介紹三個活用重量錯覺效應的方法：利用圖像與線條、「使用前、使用後」、看起來便宜，以下分別說明。

利用圖像與線條

製作簡報時，要盡可能加入能引發視覺印象的訊息。舉例來說，銷售隨身WiFi時，不要只用文字描述「速度比過去快了五倍」，可以放上正在販售的隨身WiFi圖像，周圍加上類似光速移動的設計，用視覺來表現高速的感覺。

就廣告來說，文案最多只是輔助，請多多利用圖像，促進顧客的購買欲。

「使用前、使用後」

這可說是促進顧客購買欲的最強銷售手法。只要讓顧客看到兩方的對比，便能輕易的讓他們夢想著：「說不定我也能這麼完美。」

比方說，震撼私人健身業界的RIZAP，就是透過「使用前、使用後」的廣告，讓他們的知名度出現爆發性成長。這可說是提高顧客購買欲的有效手法，想要提升老顧客的銷售額，可以多在銷售策略中採用。

看起來便宜

其實，這個手法也經常運用在生活中的各個層面。

例如，你想訂購每個月三千日圓的線上學習課程，哪一種廣告文案更能勾起你訂購的欲望？「每天少喝一杯飲料，就能輕鬆購買」，這句如何？將販賣的商品轉換成更容易想像的事物，就會讓它更有魅力。

另外，身兼精神科醫師及作家的樺澤紫苑，所經營的線上沙龍，宣傳文案就是：「只需要一本書的價格！」馬上讓人明白文案的意思是：「只需要花買一本書的錢，就能加入線上沙龍。」

不同的表達方法，帶給對方的影響可能截然不同。簡報中，如果某些內容可以轉變為積極的表達方式，就要多利用重量錯覺效應，調整過來。

當然，如果是公司提供的官方資料，可能無法隨意更改。這時，可以配合原有的資料，盡量用自己的話語增加視覺印象，加強重量錯覺效應的效果。

下一章將會介紹適合在「完成交易」（Closing）階段，運用的六個心理法則。完成交易是銷售的收尾。也就是說，只要成功完成這個步驟，就能拿到合約了。

完成交易階段可用的心理法則，比其他章節的少一些。因為到了這個階段，已經沒有什麼能對簽約率造成巨大影響。更重要的是成交之前的銷售程序，也就是取得信任、傾聽、簡報等階段。

只要先前確實照著銷售程序執行，即便最後的成交不花太多力氣，依然能輕鬆拿下合約，感覺就像稍微往骨牌一推，就會直接倒下一樣。不過，這不代表可以輕視完成交易階段。要是在這時候搞砸了，就會大幅降低簽約的機率。

第 5 章

決定成交的契機

1 只能二選一——錯誤的前提暗示

如果你想邀約喜歡的異性，你會怎麼做？該不會是直接問對方「今天要不要一起吃晚飯」吧？當然，如果對方對你也有好感，或許還有可能達到目的。但如果對方看起來對你沒興趣，就得換其他方式了。那麼，應該怎麼開口詢問比較好？這時不妨利用錯誤的前提暗示，提出二選一的問題。

比如，可以問對方：「今天一起吃午飯或晚飯？」在戀愛心理學相關的書籍中，這也是廣受推薦的邀約方式，理由之後會說明。

此外，錯誤的前提暗示也經常用於行銷領域。舉例來說，現在要利用網路推廣某個會計軟體，目標是藉由免費試用的機會，好讓更多人知道。

一般來說，想吸引顧客使用，都是在網頁上設置「免費試用」的按鈕，這是最經典的策略。但我可以斷言，這種做法只是白費功夫，因為會直接降低潛在客戶按下按鈕的機率。那麼，怎麼做才能提高按下按鈕的機率？就是在「免費試用」按鈕旁邊，同時放上「即刻申請」的按鈕。

只要同時放上這兩個按鈕，有興趣的人會覺得「既然可以免費試用，當然是先試用一下，再看看狀況」。這樣一來，就可以誘導他們按下免費試用的按鈕了。

方法之所以會有效，是因為人一旦被賦予看似合理的選項，就很容易從限定的選項中挑選。本來應該有各種不同的選擇（例如，應該有「NO」的選項），但是一旦被問到二選一的問題：「A和B哪個好？」人們就會傾向在兩者之間挑選。我們再看看前面邀約的例子。

如果只是問對方：「今天要不要一起吃晚飯？」選項便包括了去和不去。換句話說，你提供了對方「不去」的選擇。但是，如果是問：「今天一起吃午飯或晚飯？」便容易讓對方產生錯覺，認為只有午餐或晚餐兩個選擇。

就像這樣，使用錯誤的前提暗示，關鍵是無論提供哪一個選項，對方最後都只能說「ＹＥＳ」。前面會計軟體的例子就是如此，不管是直接申請或是免費試用，兩者都達到了自己的目的。

運用這種心理傾向時，要注意幾個重點：建立信賴關係、目標選項要放後面、預備其他選項，以下一一說明。

建立信賴關係

要運用錯誤的前提暗示，首先得建立信賴關係。如果對方不信任你，那麼即便詢問：「Ａ和Ｂ哪個好？」對方也只會回答「都不好」。

例如，有位你完全不信任的業務員問你：「您喜歡Ａ方案，還是Ｂ方案？」你心裡只會想：「我又不會跟你買，為什麼要告訴你。」對吧？轉換到戀愛的場景也一樣。如果你不喜歡的異性問你：「想吃義大利菜，還是法國菜？」你也只會覺得：「反正也不會跟你去！」

錯誤的前提暗示並非什麼了不起的心理技巧，但請大家記得，若想要發揮它的效用，必須以信賴關係為基礎。

目標選項要放後面

如果想讓對方二選一，記得要把目標選項放後面，因為後面的資訊更容易讓人印象深刻，這與先前提過的近因效應（參見第一〇四頁）有關。

舉例來說，如果想讓顧客從A、B兩個方案中選擇A，你應該這麼問：「B和A兩個方案，您覺得哪一種比較好？」

預備其他選項

有時候，我們提出的選項，可能都不符合顧客的期望，所以要預先準備其他選項。

例如，當詢問對方：「A與B兩個方案，您覺得哪一種比較好？」（計畫一）之後，卻發現兩個都不適合。為了避免失去這位顧客，就要立刻提出事前預備的其他備案。

「那麼，如果是C與D這兩個方案呢？」（計畫二），只要其中有顧客需要的服務，很快就能成交。就像這樣，事前準備好其他選項，可以避免錯失重要的機會。

以顧客會買的前提提問

最後告訴大家，運用錯誤的前提暗示時，該如何搭配話術。

到了成交階段，最重要的是創造以購買為前提的狀態。換句話說，簡報結束的當下，就要立刻用二選一的提問促使成交。我最常使用的句子如下：

「以上是關於本公司服務的所有說明，您覺得A方案和B方案，哪一個比較適合您？」

看過先前的敘述就會知道，我的問題完全是以客戶會購買的情況為前題；也就是說，其中沒有不買的選項。

當然，就算這麼問，不打算購買的顧客依然會拒絕。但是，對於已經有購買意願、或正在猶豫要不要簽約的客戶來說，這種問法可以從背後推他們一把，讓他們當場決定，也就可以提高簽約率。

我將這種以準備購買為前提的成交，稱為「前提成交」。

不過，有時也會遇到某些情況，得用更委婉的方式促使成交。這時，如果還是使用前提成交或二選一的方法，很可能會對顧客造成某種程度的壓力。這時，不妨試著改用以下的說法。

「以上是關於本公司服務的所有說明，想請問您的預算是多少呢？」

首先要說明的是，這個問題依舊屬於前提成交。它是指：「如果預算方面沒有問題，那我就以購買為前提往下進行，可以吧？」

也就是說，這個說法非常委婉的排除了「NO」的選項，最終目的依舊是希望成交。如果讀者們覺得二選一的方式太過強勢的話，建議可以試著使用這個方法。

最後，希望大家記得，錯誤的前提暗示不是魔法。當然，所有的心理法則也都一樣，不是說只要提出二選一的選擇，就一定會拿到合約。偶而也會有人到我的YouTube頻道或部落格訴苦：「我用了二選一提問的方法，結果還是沒有效果。」

但是，這並非錯誤的前提暗示失去效果，而是沒有妥善處理先前的銷售程序。坊間將這些心理法則說得像是神奇魔法一樣，但我可以保證，絕對沒有這

錯誤的前提暗示

只要提出二選一問題，對方就會從中選擇。

回事。因此，請將錯誤的前提暗示，當成輔助手段，試看看總比完全不試要來得好。

2 故意說反話——卡里古拉效應

想要了解「卡里古拉效應」（Caligula），可以參考《白鶴報恩》和《浦島太郎》這兩個童話故事。當人們聽到「絕對不能偷看」或「絕對不能打開箱子」時，反而會更想要偷看或確認裡面裝什麼。（按：《白鶴報恩》故事中，主角偷看了報恩的白鶴織布；《浦島太郎》故事中，主角漁夫因為打開了從龍宮帶回的玉手箱而瞬間蒼老。）

在行銷方面，卡里古拉效應也十分受到重視。例如，你一定看過某些減肥廣告的文案，寫著：「不想瘦的人，絕對別使用！」

這種表達方法，會讓人不由自主的想了解到底是怎麼回事。當然，有些人依舊不受影響，但大多數人仍然會下意識的想了解情況，因此這類廣告文案通常效果很好。

從以上的例子可知，當人們被禁止或受限制時，反而會更想去做那件事。

卡里古拉（Caligula）是羅馬帝國的第三任皇帝，他的外表極具性魅力，又因異常的性欲及殘忍而惡名昭彰。有部以他為藍圖、由美國與義大利合拍的史詩電影《羅馬帝國艷情史》（*Caligula*）於一九八〇年上映。

由於片中過於殘忍的暴力和性場面，在某些國家遭到禁播，結果反而在大眾之間引起話題，導致這部電影爆紅。簡單來說，就是因為被禁止，反而激發大眾的強烈興趣。

卡里古拉效應的成因，是由於心理抗拒（psychological reactance），這是當自由受限時，人們會試圖重新獲得自由的心理現象。我們內心都有期望自由選擇的欲望，當這種自由受限時，心理上便會反抗，下意識的想恢復自由。

舉例來說，《浦島太郎》故事中，龍宮公主要求浦島太郎絕對不可以打開玉手箱，這也代表他「打開」的自由受到限制，於是心中便激發反彈，最後打開了禁忌的玉手箱。

故意說反話

以下的話術稍有挑戰性，如果真的想拿到合約，可以在簡報之前嘗試。

「如果您聽完提案後覺得不需要，請務必不要簽約（卡里古拉效應）！不過，若您覺得內容滿意的話，希望您能立刻決定（速決談判）。」

如果顧客的購買意願原本就很高，自然不需要這類話術。然而，某些客戶可能會擔心「是不是聽了簡報就得買」，在這種情況下，附加具有卡里古拉效應的說法，可以讓客戶安心：「如果不需要，可以不買。」更能提高簡報的導向率。如果覺得簡報的導向率偏低，建議可以試試這種話術。

3 試用了就容易買單——稟賦效果

你是否曾經困擾自己無法放手丟東西？近年來，極簡主義和斷捨離相當流行，這些概念都聚焦在減少物品。少一點東西，反而可以讓我們擁有更多時間、心靈更富足，還能改善睡眠品質等……總之有各種好處。

然而，即使我們知道有這些好處，大腦仍然會試圖阻止我們這麼做。因為，我們的腦本能上極度恐懼「放手」這件事。之前的稀有性原理和損失規避已經提過這個部分，在此就不再贅述。簡而言之，這是我們的本能使然。

另外，投資時遲遲無法停損（在確定損失的情況下賣出），這也和稟賦效應（Endowment Effect）有關。假設，你以一千日圓買進某家公司的股票。但是幾天後，那支股票的價格跌到了五百日圓，這時你會採取什麼行動？如果是對股市極為熟悉的投資老手，想必會直接選擇停損。為什麼？因為這樣可以將損失降到最低。

若是不太熟悉股市的新手，通常沒辦法及時停損。他們會期盼：「這是我仔細研究後確定會獲利的股票，現在雖然暫時下跌，但之後一定會漲回來。」這也導致他們難以放棄。

一旦我們擁有某樣東西，就會過度高估它的價值，結果無法放手。

老王賣瓜，自賣自誇

行為經濟學家丹尼爾·康納曼曾做過一項實驗。他將實驗對象分為兩組，其中一組分到馬克杯（價值為六美元），上面印著舉辦實驗的大學校徽（當時並未告知雙方馬克杯的價格），而另一組則沒有。接著，他讓沒有分到杯子的實驗對象，向分到的那一組購買馬克杯。

換句話說，實驗對象被區分為「賣家」（擁有馬克杯）和「買家」（無馬克杯）兩組。然後，他詢問兩組實驗對象。

問賣家：「你願意以多少價格，賣這個馬克杯？」

問買家：「你願意以多少價格，買這個馬克杯？」

最後，再調查每位實驗對象的報價。實驗結果顯示，賣家的平均售價為七．一二美元。當然，買家也應該會提出接近這個價格的報價，但他們的平均購買價格卻只有二．八七美元，顯示賣家的報價是買家的兩倍以上。

那麼，為什麼賣家和買家的報價，差距會如此大？顯而易見，差別僅僅在於是否擁有馬克杯。賣家因為擁有馬克杯，而受到稟賦效應的影響，對馬克杯的定價超過了實際價值六美元。反之，買家沒有馬克杯，因而不受稟賦效應影響，只能對這個普通的馬克杯給出低於正常價格的報價。這顯示人們一旦擁有了某物後，會傾向於為其賦予不合理的價值。

設法讓顧客先使用產品

在銷售中應用稟賦效應的方法，主要有兩種：①保證退款、②免費試用。大家可能都見過這兩種銷售策略。實際上，這兩種策略是充分運用了稟賦效應的最強業務戰略。不過要提醒一下，目的並非將其落實在具體的行動，而是要讓顧客充分察覺到這兩個好處。

有時儘管已經附加了這兩大優惠，但有很多業務員並未充分理解其優勢，在與顧客談話時，便輕描淡寫的帶過了。

比方說，他們會認為：「保證退款又怎樣，反正顧客也不會買，就隨便提一下吧。」或是「就算顧客簽了免費試用方案，最後也不一定會購買，沒必要太認真。」這些想法都非常可惜。

正因為有這兩種銷售策略，才有可能正式簽約。換句話說，它們是取得正式合約的第一步。因此，接下來希望各位能深入理解，保證退款和免費試用各自的優勢。

保證退款

保證退款的策略，在化妝品、生髮劑、保健品、除毛等多個行業中廣泛使用，對公司的業績也有很大的貢獻。

為什麼這麼多業界愛用保證退款的銷售手法？總而言之，保證退款能創造「讓顧客接觸產品的機會」。只要有了這個機會，在稟賦效應的影響下，有很大的機率可以不用退款，將其直接轉變成實際的銷售額。

或許有人會好奇退款的比例。根據資料顯示，網路購物等的平均退款率大約為二％到四％。根據其他業界的調查也顯示，保證退款的退款比例普遍很低。因此，保證退款策略不會出現負面影響，而讓銷售額下降。

免費試用

和保證退款一樣，免費試用也是運用稟賦效應的有效銷售手法，同樣能創造機會、讓顧客接觸產品。說到免費試用，最為人所知的例子就是日本再春館製藥的「朵茉麗蔻」（Domohorn Wrinkle）。

再春館製藥主要銷售美容類產品，它們有個非常有名的服務，就是免費提供三日分試用套組（按：臺灣要付一百九十八元的國際物流處理費）。申請免費試用時，顧客須填寫電話號碼和電子郵件，隔了一段時間後，銷售人員會透過電話與電子郵件聯絡，促使顧客購買正式產品。

免費試用可說是讓顧客嘗試接觸產品的最佳策略之一，因為這個方法對顧客而言毫無風險。與保證退款相比，免費試用的風險更低。保證退款的風險雖然也低，但顧客仍舊須支付費用才能使用。

如果想要創造機會、讓顧客接觸產品，保證退款和免費試用都非常有效。如果各位過去只是輕描淡寫的帶過，之後一定要更積極的運用。

4 讓顧客自己說產品好壞——兩面提示

在簡報的章節，已經詳細解釋過兩面提示的機制。其實，在成交階段，兩面提示也能發揮非常重要的效用。

為了喚起各位的印象，這裡舉一個先前提過的具體範例：「或許有〇〇的副作用（缺點），但可以大幅減輕疼痛（優點）。」像這樣同時告知優點和缺點，可以獲得對方信任，這就是兩面提示的核心。不過，在成交階段，我們提供另一種運用方法。

用紙筆寫下優、缺點

在成交的過程中，有些顧客很難決定是否購買。這時，大多數的業務員都不知道應該用什麼方式引導對方。有時候還會因為太過焦慮，結果說出一大堆不必要的話，讓顧客感受到業務員的急躁。

當然，這種不安也可能影響顧客，最終導致他們放棄購買。那麼，當顧客猶豫不決時，應該如何用言語引導？我採用的方法，就是兩面成交法。

比如，你是一位業務員、負責銷售英語會話教材。你可以在一張紙上，為顧客分別整理購買教材後的優點和缺點，讓顧客重新體認自己購買教材的真正理由。通常可以用下頁圖的方式整理。

寫優、缺點時，有三個重點：讓顧客自己說、把優點寫在左邊、多寫一點優點。以下逐一說明。

案例：英語會話教材

・優點

◆提高平均收人。
◆可以在全球各地工作。
◆在國內也會受重視。
◆讓自己更有自信。

・缺點

◆每月須支付 2 萬日圓。

讓顧客自己說

盡量藉由顧客的嘴巴說出優點，這樣便可以強化承諾與一致性原理。

例如，當詢問：「優點是什麼？」可以引導顧客說出「平均收入會提高」，如此一來就能引發一致性的行為，也就是購買商品。

缺點的部分，則不需要像優點那樣努力引導。如果過於強調，反而會影響承諾與一致性原理的效果。因此，可以由我方提出缺點，例如可以說：「缺點大概就是每個月得花兩萬日圓了。您還有想到其他的嗎？」然後直接結束即可。

把優點寫在左邊

寫優點和缺點時，請記得一個公式：「優點＝左，缺點＝右。」人們在閱讀時，視線通常會由左移到右。因此，最希望受注目、想讓對方印象深刻的優點，要寫在左邊。

當顧客的注意力多次集中在優點上，內心就會湧現欲望：「還是購買比較好吧？」所以，一定要記得貫徹這個公式。

多寫一點優點

記錄優點時盡量多寫一點。如果顧客提供的優點不夠多，可以由我方口頭補充，增加優點的數量。這時，可以透過詢問的方式，例如：「對了，可以在全世界工作也算吧？」以強化承諾與一致性原理的效果。

為什麼優點的數量那麼重要？這是因為，人們在認知物品時，數量會有很大的影響。例如在商業研討會中，我們經常會看到直式的長銷售頁面。很多人會認為，這麼長的頁面，瀏覽者絕對不會有耐心看完、一下子就會關閉。其實這是大錯特錯。

相反的，這種縱長型的銷售頁面，反而可以增加說服力。例如，長頁面和短頁面相比，哪一個讓人感覺更可靠？當然是長頁面，在兩面成交法中，也是同樣的道理。

總之，兩面提示不僅可以用在簡報中，也可以用在成交的階段，這個心理法則非常有效，希望大家能靈活運用。

5 「要不要順便帶一件……」——壓力消除效果

壓力消除效果中的壓力，是指「Tension＝壓力、緊張」，而消除則是指「Reduction＝減少、消失」。這個名稱源自購買商品後，壓力狀態消失產生的效果。

那麼，壓力狀態消失，能在銷售中帶來什麼好處？結論是，壓力狀態消失後，會提高「隨機購買」的機率。

這麼說或許難以想像。但請回想一下，大家應該都曾有類似經驗。例如，在亞馬遜網站上購買某個商品後，收到了相關商品的推薦，最後又心動買下更多東西。

我經常在亞馬遜網站買書，因此隨機購買的機會也隨之增多。比如，我買了探討邏輯思考的書後，就收到水平思考和批判性思考等類似書籍的推薦，結果最後忍不住、又全買下來。探究其原因，就是在我買完邏輯思考的書以後，因為壓力消除效果，減輕了購書的緊張感，最終鬆懈了對錢包的控管。反過來說，買完東西後，如果能想起壓力消除效果，就能減少不必要的消費，原因在於能更客觀的看待自己的需求。

舉例來說，為什麼老師們會叮嚀：「直到回家之前，都還是在郊遊喔。」因為他們知道，學生在郊遊後就會鬆懈下來，所以需要提醒，這也類似壓力消除效果的原理。

買完東西、精神鬆懈下來時，可以試著提醒自己：「直到離開商店前，都還在購物中！」或許就能減少隨機購買的情況。

那麼，如何在銷售時運用壓力消除效果？先說結論，就是「養成交叉銷售的習慣」。所謂的交叉銷售，是指顧客決定購買某件商品的當下，同時推薦其他相關商品。

例如，顧客決定購買價值一萬日圓的連衣裙（主要商品）後，這時你還可以推薦：「對了，許多購買這件連衣裙的客人（社會認同），也買了這條圍巾（次要商品）搭配，您要不要也試試看？剛好今天有活動，一起買的話，可以打九折。」

這麼一來，便可以提高次要商品的購買率。當顧客買完主要商品後，會大大降低緊張狀態，進而提高隨後推薦次要商品的購買率。

接著是與交叉銷售密切相關的銷售策略，也就是向上銷售（Up-sell）和向下銷售（Down-sell）。在提高顧客單價方面，這三種銷售技巧非常重要，請務必掌握。

首先是向上銷售，就是向顧客推薦更高階的產品。舉個簡單的例子，當顧客準備購買五百日圓的漢堡時，不妨推薦他嘗試七百日圓的漢堡。

向下銷售，則是向顧客推薦較低階的產品。如果顧客覺得五百日圓的漢堡有點貴，可以向他推薦三百日圓的漢堡。

為了加強印象，這裡也舉一個交叉銷售的例子。由於交叉銷售是推薦相關商品，因此可以向決定購買五百日圓漢堡的顧客，推薦加購一百二十日圓的薯條，或一百日圓的飲料。

到目前為止，我們已經解釋了向上銷售、交叉銷售和向下銷售，最後來討論它們的運用時機。

三種銷售法的運用時機——視顧客購買時的態度而定

向上銷售的時機

向上銷售，要在顧客積極考慮主要商品時實行。例如，當顧客差不多已經下定決心，「不然就買了吧」或「好，買吧」。這時，顧客對於商品A的評價十分正面，因此也容易對商品B同樣抱持正面評價。

例如，顧客愛不釋手的拿著衣服A，感覺準備要買了。這時，就可以推薦更高級的衣服B：「這件比A稍微貴了一點，但是更適合你。」如果價格上沒有問題，對方買下衣服B的機率就會大大增加。

交叉銷售的時機

交叉銷售，則是要在顧客決定購買主要商品時實行。因為先前提到的承諾與一致性原理，他們會更容易購買次要商品。換句話說，當顧客決定購買商品A時，更容易採取不矛盾的行為（即購買相關商品B、C）。

例如，顧客已經決定「就買衣服A」。這時不妨推薦相關商品：「很多人買了衣服A以後，也會一起帶這款飾品，您想試試嗎？」如果價格上沒有問題，根據承諾與一致性原理，也可能大大提高對方購買飾品的機率。

壓力消除效果

緊張壓力中斷後，會產生注意力渙散的心理效果，
進而增加「隨機購買」的機率。

向下銷售的時機

向下銷售，則是運用在顧客對購買主要商品不太積極的時候。比如，當顧客覺得「這有點難買下手」或「錢不夠」等情況。

例如，對於衣服A，如果顧客說出「我是滿想買的，但價格有點貴」等負面話語。這時可以立即說：「是啊，還是說這件怎麼樣？」順勢推薦較低階的衣服B。

在合適的時機提議向下銷售，可以避免機會損失。最糟糕的狀況是顧客單價變成零，什麼都沒買。為了避免這種情況，積極採取向下銷售也是不錯的選擇，以確保顧客購買商品。

6 你越推銷，他越反彈——迴力鏢效應

「迴力鏢效應」（Boomerang effect），是指某些行為引發了反效果，像迴力鏢那樣反轉回來的心理現象。

例如，大家應該都曾被父母命令「快去讀書」，結果心裡反而覺得厭煩。如果有讀者也是父母，我想提出一個忠告：叫孩子快去讀書，等於是在叫他不要讀書。因為強迫孩子的話，只會讓他們更加反感，進而採取相反的態度或是行為。

想讓孩子喜歡學習，首先要讓孩子看到大人快樂學習的模樣。如此一來，他們可能也會開始喜歡上讀書。

還有，你是否曾建議朋友減重，結果朋友反而興致缺缺、不想努力。這很可能是你的錯。原因在於，如果越是強調減重的方法或重要，反而會降低對方減重的意願。因此，除非朋友主動向你徵詢意見，否則千萬不要多管閒事；即便對方尋求你的建議，也要適可而止。要是因為徵詢意見，你就說個不停，很可能會讓對方後悔向你求助。

最後提供一些適合教練或顧問等職業參考的具體範例。

身為教練或顧問，你是否覺得應該隨時追蹤客戶狀況？在教練、顧問或治療師行業中，這種想法很常見。但問題是，這是很嚴重的失誤。因為過度的跟進，反而會讓客戶失去興趣。

例如以下這些不必要的指導：「請報告今天的成果！」、「你今天完成了哪些任務？」、「今天更新社群軟體了嗎？」都會讓顧客的動力，因迴力鏢效應而降低。

自己的態度會因對象的意願而改變

接下來介紹美國心理學家柯恩（Cohen）的實驗。

首先，他召集了對男女同校抱持批判意見的實驗對象，請他們說服態度偏向稍微贊同的人（臥底），此時的臥底分成兩組，他們會在說服的過程中，表現出不同程度的反抗態度。

A組：由「稍微贊成」轉變為「贊成」，些微改變態度的群體（臥底）。

B組：由「稍微贊成」變為「完全贊成」，大幅改變態度的群體（臥底）。

然後，再調查「有多少實驗對象，會贊同臥底的意見」。

實驗結果顯示，A組中，實驗對象轉為贊同的人數較多；而B組只有兩成的實驗對象轉為贊成，有六成的實驗對象，反而強化了對男女同校的反對態度。

由此可知，強烈的反彈會引發更強烈的反彈。或許你在日常生活中早已有所體會，但透過實驗結果，可以進一步了解其重要。

不僅是成交時，在整個銷售過程中，都需要非常注意「別過度推銷」。

我理解各位想讓顧客更了解，自己喜愛的自家產品。激動之餘，或許還會不斷說服顧客：「買下來絕對不吃虧！」、「我們的產品保證比其他公司好！」、「不買不行！」

但是，這樣就成了強迫推銷，容易引發迴力鏢效應，最終反而導致負面結果。最重要的，依然是徹底遵循銷售程序，也就是「取得信任→傾聽→簡報」。換句話說，就是讓顧客最後萌生渴望，主動想購買。

具體來說，構築信賴關係，引出顧客的現實、理想和課題，並提出能填補現實與理想落差的方案，就能實現讓顧客萌生購買欲望的拉式（Pull）銷售。

當然，在銷售時需要一定的推動力，但大家必須明白，不是推銷得越勤、成交率就越高。因此，在成交階段完成必要的步驟之後，也該考量迅速撤退的選項。

例如，提出二選一提問後，客戶依然煩惱：「不知該怎麼辦？」接下來，就可以轉換使用兩面成交法，指出購買後的優、缺點。至此，成交階段所須的基本工作就完成了。如果顧客仍然猶豫，就應該立即結束。

當然，如果顧客願意再次見面，跟對方確認時間之後就該收手。如果談下來感覺機會不高，雖然可惜，也要及時停損。與其想方設法成交、浪費時間，不如立即結束，給自己留點時間反思失去客戶的原因，例如「是否充分了解顧客的現狀了？」、「確實提出暗示性問題了嗎？」、「速決談判的方法正確嗎？」等。

很多業務員誤以為推銷得越勤快，越能提高成交率。其實，不該把重心全都放在最後的成交，而是應該專注在之前的銷售程序。

結語 這不是神奇魔法，而是顧客心理學

感謝各位閱讀到最後。雖然我在書中介紹了許多心理學的相關知識，但在最後，我想告訴大家一件事：「心理法則不是神奇的魔法。」也就是說，運用心理法則，不代表你一定能百分之百達成目標。

以互惠原則來解釋，就是即便付出了，也不一定會得到百分之百的回報；同樣的，內團體偏見告訴我們：「就算擁有共通點，也不代表一定能成為朋友。」而錯誤的前提暗示，則讓我們了解：「提出二選一的問題，也不保證必定能得到YES的回答。」

儘管如此，依舊會有人到我的 YouTube 頻道或部落格抱怨：「用了速決談

判後還是沒有成交，應該怎麼辦？」

會問這種問題的人，往往沒有做到真正重要的事。例如，銷售程序做得不夠徹底，或是不夠重視外在，或者在不自覺中否定對方……。

銷售的成功取決於各種因素。懂得運用心理法則，不代表一切都會如願以償。心理法則絕對不是用來作弊的魔法，它只是讓對方萌生購買欲望的輔助工具而已。

例如，根據互惠原則，付出會提高得到回報的可能；內團體偏見則說，找到共通點，會提高和對方成為朋友的可能；錯誤的前提暗示意味著，提高獲得YES的機率。

心理法則只是工具而已，不會有什麼獨特的神奇功效。請大家理解這些法則之後，努力落實在銷售過程中。這麼一來，心理法則就能成為你工作時的強大工具。

不過，根據運用法則的方式不同，也可能會為自己帶來利或弊。

在本書的開頭，我曾提到：「業務最重要的，是理解人類的心理。」我不希望各位利用這些心理法則操控他人，事實上，這也是不可能的。即便有這樣的可能，當你誘導顧客購買劣質商品，或是用天花亂墜的方式欺騙對方時，最終也只會自食惡果。你和你的公司、產品或服務，會受到眾人撻伐，甚至招來怨恨。

這根本稱不上是銷售。銷售是幫助購買、簽約的顧客獲得幸福。因此，絕不要試圖操控他人，而是要讓他們以愉快、舒適和積極的心情，購買商品或服務、簽下合約。我認為，這是身為業務員的基本素養。你的努力和用心，最後都會變成自己的成果，化為將來成功的契機。

最後，衷心期盼本書能成為契機或引導，幫助各位提升銷售能力。希望大家從今天開始，慢慢的將書中的心理法則，納入自己的銷售策略。如果因此產生了正向變化並取得成果，請務必與我分享，也再次感謝你讀完這本書，謝謝大家。

■參考文獻

- 《影響力：讓人乖乖聽話的說服術》（*Influence: The Psychology of Persuasion [Third Edition]*），羅伯特・席爾迪尼（Robert B. Cialdini），久石文化出版。
- 《讓對方說ＹＥＳ，科學說服術的六十個秘訣》（*Yes!: 60 Secrets from the Science of Persuasion [Second Edition]*），羅伯特・席爾迪尼、諾亞・戈爾茨坦（Noah J. Goldstein）、史帝夫・馬丁（Steve J. Martin,），PROFILE BOOKS。
- 《小改變產生大效果》（*THE SMALL BIG: small changes that spark big influence*），羅伯特・席爾迪尼、諾亞・戈爾茨坦、史帝夫・馬丁，PROFILE BOOKS。
- 《無形的操控：心理學家教你七種方法讓人甘心聽你的》（*How to Get People*

to Do Stuff: Master the art and science of persuasion and motivation），蘇珊・威辛克（Susan Weinschenk），三采出版。

- 《圖解認知偏誤！避開99%思考陷阱：人類並不理性！打破慣性偏見，建立強大思維》（情報を正しく選択するための認知バイアス事典），山﨑紗紀子、宮代こずゑ、菊池由希子、高橋昌一郎（監修），墨刻出版。
- 《快思慢想》（*Thinking, Fast and Slow*），丹尼爾・康納曼（Daniel Kahneman），天下文化出版。
- 《誰說人是理性的！：消費高手與行銷達人都要懂的行為經濟學》（*Predictably Irrational: The Hidden Forces That Shape Our Decisions*），丹・艾瑞利（Dan Ariely），天下文化出版。
- 《心理學検定 問答集「A領域篇」》（心理学検定 一問一答問題集［A領域編］），日本心理學諸學會聯合心理學検定局，實務教育出版。
- 《失敗的力量：Google、皮克斯、F1車隊從失敗中淬煉出的成功秘密》

參考文獻

（*Black Box Thinking: Why Most People Never Learn from Their Mistakes - But Some Do*），馬修・席德（Matthew Syed），商周出版。

- 《被討厭的勇氣》（嫌われる勇気），岸見一郎、古賀史健，究竟出版。
- 《社會大躍進：人類為何愛吹牛、會說謊、喜歡聊八卦？從演化心理瞭解我們是誰，什麼會讓我們感到幸福快樂》（*The Social Leap: The New Evolutionary Science of Who We Are, Where We Come From, and What Makes Us Happy*），威廉・馮・希伯（William von Hippel），時報出版。
- 《厲害的人，都懂這些心理學：讀懂人心，預知別人下一步，不說錯話、做錯決定，有好人緣，幸運總是來敲門》（世界最先端の研究が教える すごい心理学），內藤誼人，方言文化出版。
- 《世界最先進的研究　教你讀懂更厲害的心理學》（世界最先端の研究が教えるさらにすごい心理学），內藤誼人，總合法令出版。
- 《世界最先進的研究　教你讀懂最強的心理學》（世界最先端の研究が教える

もっとすごい心理学），內藤誼人，總合法令出版。

- 《實現：達成目標的心智科學》（*Succeed: How We Can Reach Our Goals*），海蒂・格蘭特・海佛森（Heidi Grant Halvorson）、卡蘿・德威克（Carol S. Dweck〔序〕），日出出版。
- 《沒人懂你怎麼辦？：不被誤解・精確表達・贏得信任的心理學溝通技巧》（*No One Understands You And What To Do About It*），海蒂・格蘭特・海佛森，天下雜誌出版。
- 《心理陷阱：如何保護自己免受自我幻想和他人的欺騙》（*Trappole mentali: Come difendersi dalle proprie illusioni e dagli inganni altrui*），馬泰奧・莫特利尼（Matteo Motterlini），BUR Biblioteca Univ. Rizzoli。
- 《情感經濟：我們日常帳戶背後的秘密》（*Economia emotiva: Cosa si nasconde dietro ai nostri conti quotidiani*），馬泰奧・莫特利尼，BUR Biblioteca Univ. Rizzoli。

- 《操偶讀心術：就靠這招說服你》（*Methods of persuasion: how to use psychology to influence human behavior*），尼克．寇連達（Nick Kolenda），沐風文化出版。
- 《圖解心理學：從催眠到腦部掃描的心靈歷史》（*Psychology: An Illustrated History of the Mind from Hypnotism to Brain Scans*），湯姆．傑克森（Tom Jackson），Shelter Harbor Press; Illustrated edition。
- 《給予：華頓商學院最啟發人心的一堂課》（*Give and Take: A Revolutionary Approach to Success*），亞當．格蘭特（Adam Grant），平安文化出版。
- 《讓人人都聽你的19堂說服課：從裡到外，你的一言一行都令人忍不住點頭》（*Persuasion: The Art of Getting What You Want*），戴夫．雷卡尼（*Dave Lakhani*），臉譜出版。
- 《懂顧客心思的文案最好賣：大師教你先懂人心、再賣東西的文案吸金術》（*Cashvertising: How to Use More Than 100 Secrets of Ad-Agency Psychology to

Make BIG MONEY Selling Anything to Anyone），德魯·艾瑞克·惠特曼（Drew Eric Whitman），商業周刊出版。

- 《大腦拒絕不了的行銷：100個完美挑動感官的行銷法則》（*Brainfluence: 100 Ways to Persuade and Convince Consumers with Neuromarketing*），羅傑·杜利（Roger Dooley），如果出版。
- 《輕鬆駕馭意志力：史丹佛大學最受歡迎的心理素質課》（*The Willpower Instinct: How Self-Control Works, Why It Matters, and What You Can Do to Get More of It*），凱莉·麥高尼格（Kelly McGonigal），先覺出版。
- 《壓力的好處：為什麼壓力對你有好處，以及如何應對壓力》（*The Upside of Stress: Why Stress Is Good for You, and How to Get Good at It*），凱莉·麥高尼格，Avery Publishing Group, Inc.。
- 《心態致勝：全新成功心理學》（*Mindset: The New Psychology of Success*），卡蘿·杜維克（Carol S. Dweck），天下文化出版。

參考文獻

- 《邁向圓滿：掌握幸福的科學方法&練習》（*Flourish: A Visionary New Understanding of Happiness and Well-being*），馬汀・塞利格曼（Martin E. P. Seligman），遠流出版。
- 《認知偏差：潛藏在內心的奇妙運作》（認知バイアス 心に潜むふしぎな働き），鈴木宏昭，講談社。
- 《為什麼美麗的人有更多的女兒：從約會、購物、祈禱到參戰、成為億萬富翁》（*Why Beautiful People Have More Daughters: From Dating, Shopping, and Praying to Going to War and Becoming a Billionaire- Two Evolutionary Psychologists Explain Why We Do What WeDo*）艾倫・米勒（Alan S. Miller）、金澤聰（Satoshi Kanazawa），（TarcherPerigee）。
- 《專一力原則：「一心一用」戰勝拖延╳提高效率╳改善關係，重獲職場與生活時間主權》（*Singletasking: Get More Done-One Thing at a Time*），戴芙拉・札克（Devora Zack），寶鼎出版。

- 《信任溝通：全球頂尖心理學家解讀人心的四種方法》（*Rapport: The Four Ways to Read People*），愛蜜麗・艾利森（Emily Alison）、勞倫斯・艾利森（Laurence Alison），究竟出版。
- 《心理學導論（二版）》（*Atkinson & Hilgard's Introduction to Psychology 16th*），蘇珊・諾倫－霍克西瑪等（Susan Nolen-Hoeksema, Barbara L. Fredrickson, Geoffrey R. Loftus, Christel Lutz），雙葉書廊出版。
- 《哈佛最受歡迎的快樂工作學：風行全美五百大企業、幫助兩百萬人找到職場幸福優勢，教你「愈快樂，愈成功」的黃金法則！》（*The Happiness Advantage: The Seven Principles of Positive Psychology That Fuel Success and Performance at Work*），尚恩・艾科爾（Shawn Achor），野人出版。
- 《開啟你的正向天賦：哈佛快樂學專家研發，5大祕訣讓「潛意識腦」幫你找到幸福捷徑》（*Before Happiness：The 5 Hidden Keys to Achieving Success, Spreading Happiness, and Sustaining Positive Change*），尚恩・艾科爾，野人

出版。

- 《增強你的意志力：教你實現目標、抗拒誘惑的成功心理學》（*Willpower: Rediscovering the Greatest Human Strength*），羅伊・鮑梅斯特（Roy F. Baumeister）、約翰・堤爾尼（John Tierney），經濟新潮社出版。
- 《胡蘿蔔加棍子：釋放激勵的力量來完成任務》（*Carrots and Sticks: Unlock the Power of Incentives to Get Things Done*），伊恩・艾爾斯（Ian Ayres），Bantam。
- 《銷售的藝術：向大師學習人生事業》（*The Art of the Sale: Learning from the Masters About the Business of Life*），菲力普・德爾維斯・鮑頓（Philip Delves Broughton），Penguin Press。
- 《ＳＰＩＮ銷售法》（SPIN Selling），尼爾・拉克姆（Neil Rackham），McGraw-Hill。
- 《這樣賣，我獲金氏世界紀錄：不爆肝也能賺到財富、快樂與成功的13個心法》（*Joe Girard's 13 Essential Rules of Selling: How to Be a Top Achiever and Lead a Great Life*），喬・吉拉德（Joe Girard），美商麥格羅希爾國際股份有限公司台灣分公司。

國家圖書館出版品預行編目（CIP）資料

最強の業務心理學：差勁業務只提產品，頂尖業務理解人性。顧客決定「跟你買」的關鍵心理，超業在做卻不明說！／大谷侑暉著；楊詠婷譯. -- 初版. -- 臺北市：大是文化有限公司，2024.12
288 面；14.8×21公分. --（Biz；472）
ISBN 978-626-7539-59-0（平裝）

1. CST：銷售　2. CST：行銷心理學

496.5　　113015238

Biz 472

最強の業務心理學

差勁業務只提產品，頂尖業務理解人性。
顧客決定「跟你買」的關鍵心理，超業在做卻不明說！

作　　者／大谷侑暉
譯　　者／楊詠婷
校對編輯／陳映融
副 主 編／劉宗德
副總編輯／顏惠君
總 編 輯／吳依瑋
發 行 人／徐仲秋
會計部｜主辦會計／許鳳雪、助理／李秀娟
版權部｜經理／郝麗珍
行銷業務部｜業務經理／留婉茹、專員／馬絮盈、助理／連玉
　　　　　　行銷企劃／黃于晴、美術設計／林祐豐
行銷、業務與網路書店總監／林裕安
總經理／陳絜吾

出 版 者／大是文化有限公司
臺北市 100 衡陽路7號8樓
編輯部電話：（02）23757911
購書相關諮詢請洽：（02）23757911 分機122
24小時讀者服務傳真：（02）23756999
讀者服務E-mail：dscsms28@gmail.com
郵政劃撥帳號：19983366　　戶名：大是文化有限公司

香港發行／豐達出版發行有限公司
Rich Publishing & Distribution Ltd
香港柴灣永泰道70號柴灣工業城第2期1805室
Unit 1805, Ph.2, Chai Wan Ind City, 70 Wing Tai Rd, Chai Wan, Hong Kong
Tel：2172-6513　Fax：2172-4355　E-mail：cary@subseasy.com.hk

封面設計／林雯瑛
內頁排版／陳相蓉
印　　刷／鴻霖印刷傳媒股份有限公司
出版日期／2024年12月初版
定　　價／420元（缺頁或裝訂錯誤的書，請寄回更換）
I S B N／978-626-7539-59-0
電子書I S B N／9786267539606（PDF）
　　　　　　9786267539613（EPUB）
Printed in Taiwan
